勘误表

本书因印刷失误，正文第3、67、81、183页图更正如下：

图1-4 人工光照明的环境

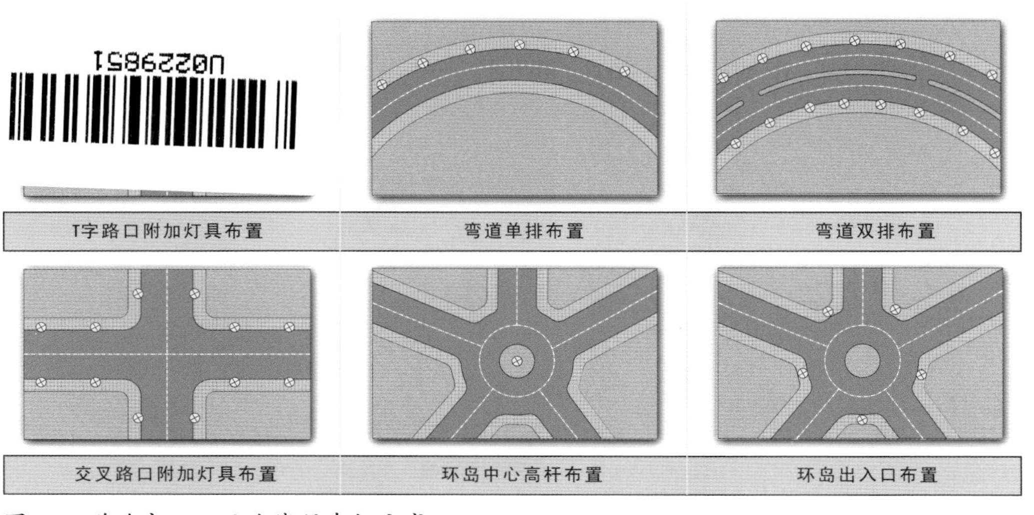

图3-14 道路交叉口及曲线段布灯方式

图3-30 居住区照明

图8-27 樱园夜景效果图

特此更正，敬请读者谅解。

光环境规划与设计

● 张越 韩明清 李太和 刘馨阳 苏昊 编著

ZHEJIANG UNIVERSITY PRESS
浙江大学出版社

图书在版编目（CIP）数据

光环境规划与设计 / 张越等编著. — 杭州 : 浙江大学出版社，2012.9
ISBN 978-7-308-10564-4

Ⅰ. ①光… Ⅱ. ①张… Ⅲ. ①建筑-照明设计 Ⅳ. ①TU113.6

中国版本图书馆CIP数据核字(2012)第221012号

内容简介

本书为光环境规划与设计（照明规划与设计）的专业教材。全书以“以人为本”光环境认知为出发点，分理论篇和实践篇上下两篇，共九章。上篇理论篇首先阐述了光环境规划与设计的基本概念、原理和技术基础，包括光源、灯具的种类与特性等；再从室外光环境层面分别阐述了城市夜景观营造、街道夜景照明规划设计、建（构）筑物景观照明、绿化景观照明、景观小品照明、表演灯光等规划与设计的基本理论及方法；同时又对室内居室、商业、办公、餐饮、博物馆等空间的光环境设计理论与手法进行论述；最后就光环境规划与设计阶段及编制深度内容进行了阐述。下篇实践篇主要从城市夜景照明、园林景观照明、室内照明，从宏观、中观、微观三个不同空间层面选择典型设计案例分别进行详细论述，从而达到实践与理论的统一和相互验证，具有很强的针对性和实用性。

本书可作为高等院校环境艺术设计专业、景观设计、城市规划、建筑学专业的教材，也可作为各类成人教育及培训的教材，还可供相关专业人员参考。

光环境规划与设计
张　越　韩明清　李太和　刘馨阳　苏　昊　编著

责任编辑　杜希武
封面设计　林智
出版发行　浙江大学出版社
（杭州天目山路148号　邮政编码　310007）
（网址：http://www.zjupress.com）
排　　版　杭州林智广告有限公司
印　　刷　浙江印刷集团有限公司
开　　本　787mm×1092mm　1/16
印　　张　13.25
字　　数　229千
版 印 次　2012年9月第1版　2012年9月第1次印刷
书　　号　ISBN 978-7-308-10564-4
定　　价　59.00 元

浙江大学出版社发行部邮购电话　（0571）88925591

随着社会经济发展水平的不断提高，人们对光环境质量要求也不断提高，照明已不仅仅满足功能的需求，更重要的是越来越与人们的生活品质和城市形象紧密结合起来，甚至成为繁荣城市夜间经济的重要抓手。于是，照明设计从一个较偏冷的技术行业逐渐受到社会乃至政府越来越多地关注。反映在教育领域，特别是近几年来，我国引进的国内外照明规划设计类教材以及国内各院校所出版的照明设计类教材也逐渐增多。但是立足从城市夜景、建筑园林景观照明到室内照明，也就是从宏观、中观、微观各类空间形态，全面系统阐述照明规划设计理论及方法的书籍尚难觅得，不能满足大学照明规划与设计教学需要，也无法适应其他相关人员系统了解与学习照明规划设计的需求。

本书作者来自高校、政府、设计公司等多个领域，信息新准，既有完整的设计理论，也有新鲜的设计案例，时代性和实用性非常强。本书的编写围绕“立足建立正确的光环境认知”的原则展开，力求在以下几个方面进行强化。

一是突出学科的专业属性。光环境规划与设计是三维空间艺术即建筑学领域里的一个新兴专业方向，它的理论基础与城市规划与设计、景观设计、建筑设计和室内设计一脉相承，有别于平面艺术或视觉艺术。理论基础的专业性，希望能够统一对光环境规划与设计质量的判断标准，有效克服规划设计效果评价的随意性，扭转目前社会上存在的照明设计主观化、简单化、效果图化和经验主义的问题。本书不但注重技术层面的阐述光环境规划与设计的方法，即“怎么做”，而且完整阐述光环境规划与设计的专业理论体系，即“为什么这么做”。

二是突出内容的全面性。作为专业性的教材，内容的全面性、完整性是必然要求。光环境规划与设计的研究内容需要涉及宏观的整体城市、中观的街道广场、微观的建筑及室内一个完整的空间体系。本书有别于其它同类教材侧重于某一个空间领域的阐述，而是按照光环境规划与设计本身需要涉及到三个层面的空间体系逐一进行讲解，有利于学习者从整体上把握光环境规划与设计的研究内容。

三是突出教学的实用性。光环境规划与设计是一门实践性很强的学科，完整的理论和正确的方法，需要由真实可靠的案例来“落地”。本书与其它同类教材第三个显著不同之处，就是加入了专业、真实而完整的规划设计案例，支撑前文的理论及方法，让学生在书本学习的过程中，就能够直接感受到从理论到实践的过程，进而加强对光环境规划与设计专业的认知。

由于光环境规划与设计是个新兴领域，还有许多问题值得探讨与研究，加之作者水平有限，本书难免存在不妥之处，欢迎各位读者批评指正！

最后，感谢浙江大学城市学院城市景观规划设计研究中心程总鹏为本书插图所做的工作，感谢浙江大学出版社杜希武、俞亚彤等老师为本书面世给予的大力帮助！

第一部分　理论篇

第一章　光环境规划与设计概述

第二章　光环境规划与设计的技术基础

第九章 室内光环境设计案例

Part Ⅰ Theory

第一部分 理论篇

第一章　光环境规划与设计概述

第一节 | 对光与光环境的认知

一、从自然光到人造光

1、自然光的魅力

太阳光及其衍生光又被称为“自然光”。随着时间的变化，自然光的强度、方向和色温也发生了变化，晨曦的霞光与黄昏落日的余晖，皎洁的月光和满天的星光，雨后的彩虹……给人类带来瞬息万变、千姿百态的视觉景象。太阳光是指直射光，即太阳总是至上而下地普照大地，当正面照射物体时，称为正面光，能真实反映被照物体的质感和纹理（图 1-1）；当从背后逆光照射物体时，将呈现被照物体清晰的轮廓和美妙的剪影……（图 1-2）。衍生光是指由天空对太阳光散射、漫反射，月亮光以及三者在环境中的反射或折射形成的各种光，衍生光相对均匀柔和，月光是亮度和强度最小的自然光，银色的月光带给夜晚美丽的遐思。

自然光也是界定空间的要素，不但展现空间的形象，更塑造不同空间性格。人类对自然光的利用，体现在与人们生活息息相关的教堂、建筑或园林中，光与影的艺术呈现带给人们精神上的愉悦和启迪，如万神庙的自然光（图 1-3），显示了神的力量。

图 1-1　正面光向日葵　　图 1-2　光的剪影　　图 1-3　万神庙的光

2、人造光——对照明的认识

在《辞海》中“照明”的含义为：利用各种光源照亮工作和生活场所或个别物体的措施。正是各种人工光源的照明提供人类丰富的人工光，人工光的可控性为夜间创造良好的可见度和舒适的环境提供可能（图 1-4）。

人工照明的发展，可追溯到远古时代的钻木取火，大约在公元前 3 世纪出现的蜜蜡可能是今日所见蜡烛的雏形。西周时在人们日常生活中已经出现了“烛”，“烛”是一种由易燃材料制成的火把，放在地上用来点燃的成堆细草和树枝叫做“燎”，“燎”置于门外的称“大烛”，门内的则称“庭燎”。 而我国早期的灯具，类似陶制的盛食器“豆”，上盘下座，中间以柱相连，与油灯的基本造型相似。战国时间出现了具有装饰功能，主要用于室内的青铜灯。两汉时期又出现了由陶制材质制成的灯具、铁灯和石灯等。明清两代是中国古代灯具发展最辉煌的时期，最突出的表现是灯具和烛台材质和种类更加丰富多样，除了原有的金属、陶瓷、玉石灯具和烛台外，又出现了玻璃和珐琅等新材料灯具。宫灯的兴起，更开辟了灯具的新天地。宫灯主要是指以细木为骨架镶以绢纱和玻璃，并在外绘各种图案的彩绘灯，可分为供桌上使用的桌灯、庭院使用的牛角明灯，墙壁悬挂的壁灯、宫殿内悬挂的彩灯、供结婚用的喜字灯和供祝寿用的寿字灯等。

图 1-4 人工光照明的环境

9 世纪的巴格达已有使用煤油灯的记载，而近代的煤油灯则于 1853 年由一名波兰发明家发明，后传入我国，成为室内照明的主要灯具。19 世纪早期，西方国家开始较大规模使用煤气灯，为公共场所提供大面积的照明。1879 年爱迪生发明了最早实用的白炽灯，标志着人类进入电光源照明时代。白炽灯由于光效低、能耗高，不能有效作为大型房间或大范围的空间照明器材，因此仍无法满足人类的需求。而后出现的荧光灯是室内照明非常重要的发明，虽然灯具效率比白炽灯大幅提高，但灯管中的汞存在污染环境问题，仍不能成为人类满意的光源。20 世纪后期出现的由微波触发的荧光灯——电磁感应灯（又称无极灯）寿命比传统荧光灯延长 5 ～ 10 倍，且可以做出大功率灯具，而成为新型光源进入市场。室外或大空间应用光源则出现了金属卤化物灯，以其高光效、小体积得到市场认可。而在 20 世纪后期开始发展

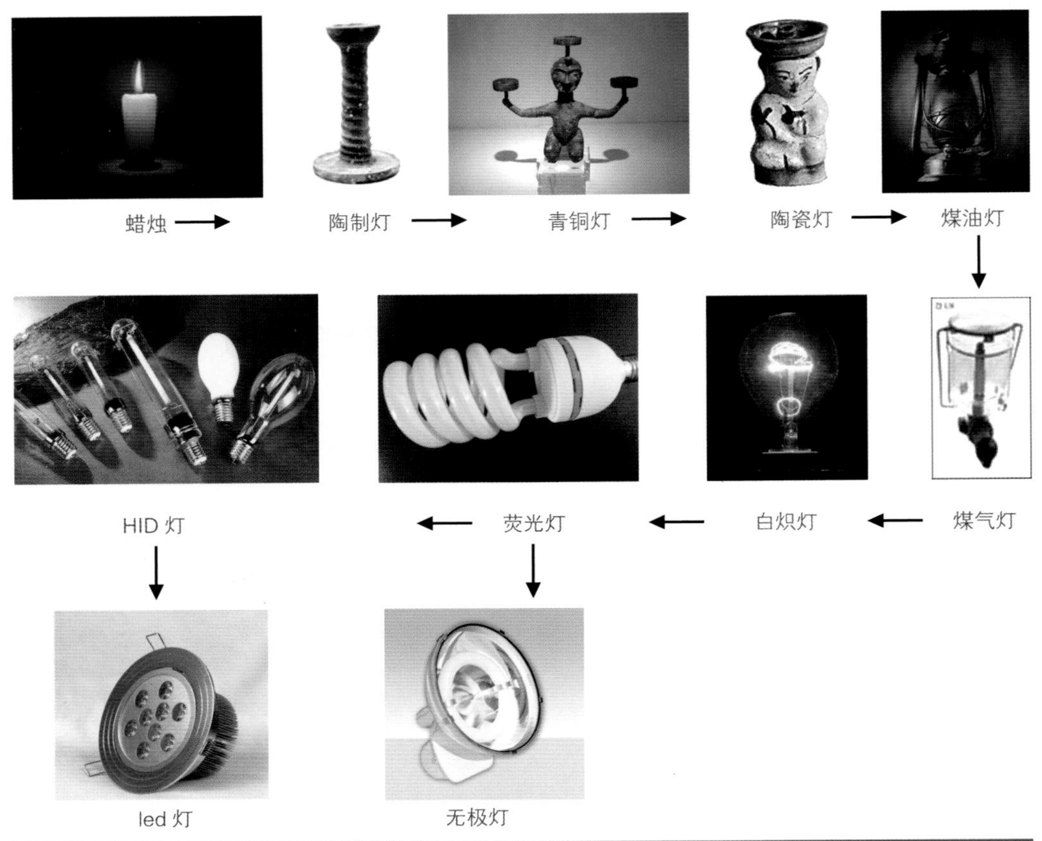

图 1-5 人工光源的演变

的发光二极管，由于其长寿命、环保和高光效预期给未来照明带来曙光。随着 LED 技术的进步，LED 被广泛应用于指示灯、携带式手电筒、液晶屏幕背光板、汽车仪表及内装灯，目前，应用于室外的 LED 投光照明灯具、庭院灯、路灯等也已变得常见。（图 1-5）

二、从照明到光环境营造

爱迪生为人类开启了具有划时代意义的电光源时代，电光源人造光让人类对照明有了更大的想象空间。照明理念从“照亮”发展到照的有质量，甚至要照的有情感。所以，电光源人造光也极大地改变了人类的生活方式，丰富多样的夜生活不仅促进了餐饮、娱乐、休闲、演艺等现代服务业的发展，更成为展示城市活力与魅力的主要方面。

1、安全、舒适、健康与照明

远古以来，人类因为惧怕黑暗，所以不断寻找可以驱赶黑暗的亮光，因此照明最原始的目的是安全。人类自发明白炽灯正式进入电光源照明时代以来，虽然安全作为照明的基本诉求并没有发生改变，无论户外还是室内，照明对于预防和减少交通事故以及治安事件都是必需品。但是如何让光源使用时间更长？如何让灯更加省电？如何让灯不对环境产生污染？如何让灯发出的光不损伤人的视觉？如何让灯光不对文物产生损害？人类对人造电光源能实现安全照明的前提下，提出了更高更多的要求。随着科技的迅速发展，光源研发和生产技术不断创新，灯具的控光性能不断提升，今天，照明已超越传统上基于安全功能的“照亮”了，舒适、低碳、环保、健康，这些具有高科技含量和复合功能理念及目标，成为现代照明技术的不懈追求。

2、情感、文化与光环境

自然光照环境伴随着人类的进化，让不同的光环境与人类的不同情感建立起了关联，甚至已成为人类情感本能之一。人们对阳光的依赖是出于安全感、温暖和视觉上的光明，慈祥、普爱、正义、平等、温暖正是阳光带给人类共同的心理感受；月光和星光则带给人们浪漫、静思、孤寂甚至悲凉；日出日落、昼夜更迭、四季轮回、阴晴雨雪……光与色万千景象的变幻，折射出不同的光环境，都对应着一种人类的情感。而人造光的丰富，让人们可以自由地利用光来营造能表达一定情感的环境。于是光的文化和情感的隐喻性对光环境的设计、建设和发展产生深刻影响，使得光环境最终在情感的层面上满足人们的需要。人们能利用光创造怎样的氛围？或中性与功能性的，或绚烂，或诗意的……光环境如同一个若干变量组成的等式的结果，但却难以用数学方式进行量化。光环境营造中文化的表现更多的是利用人类的联想能力，通过设计师对光进行合理的应用，用灯光表现环境的深层次内涵，有意

图 1-6 高品质的光环境

图 1-7 伦敦眼夜景

识地引导观赏者的情绪与联想，从而达到并表现设计师的设计主旨，传达文化的信息。可见，照明的文化价值在于能够利用光的色彩、形态、构图等因素表达思想和空间，因而成为情感空间；光文化的最终目的在于通过灯光营造意境，营造一种令人赏心悦目的环境气氛和传达文化。植入文化的光环境把灯光与环境推向了艺术的高度，让光焕发出无限的魅力。（图 1-6）

3、繁荣与城市光环境

赋予感情、承载文化的光因为满足了人们多层次的需求，而变得极富吸引力，于是当这样的光应用到商业性公共空间时，灯光与商业发生了“核反应”。酒店、酒吧、商店、珠宝店、美术馆等都用光塑造着购物消费的环境。即使白天，高品质的环境仍用灯光烘托着它的环境氛围。若干个体商业的发展和集聚，汇聚出了城市的繁华，而越来越多的城市也开始主动规划设计城市整体的夜间形象，以吸引更多的消费者光临城市，在那林林总总的个体城市商业场所驻足、消费。商业空间室内光环境与城市整体光环境形成互动，相得益彰，为光环境的发展创造了不竭的动力。美国拉斯维加斯璀璨而富于创意的照明，巴黎城市夜景的浪漫情怀，意大利古迹的怀旧照明……比较今天与若干年或几十年前的城市夜景版图，人们会惊奇地发现，世界上每个城市的阑珊灯火都在匍匐延伸，肌理更加清晰，整体亮度明显地提高。从美国宇航局（NASA）提供的地球卫星遥感图片，可以直观地看出城市化进程对光和照明的影响和需求（图 1-7）。国际上多次召开中心议题为城市的亮化和美化国际照明学术会议，探讨不断深入挖掘自然景观和人文景观中具有文化内涵的照明素材，形成地域性和文化品味表达的城市光环境，突出城市的个性，避免与其他城市形象雷同的城市亮化、美化目标。（图 1-8）

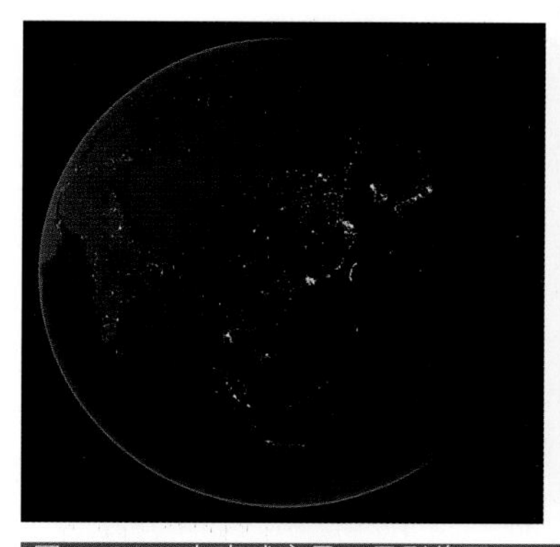

图 1-8-1 东半球夜景卫星影像图

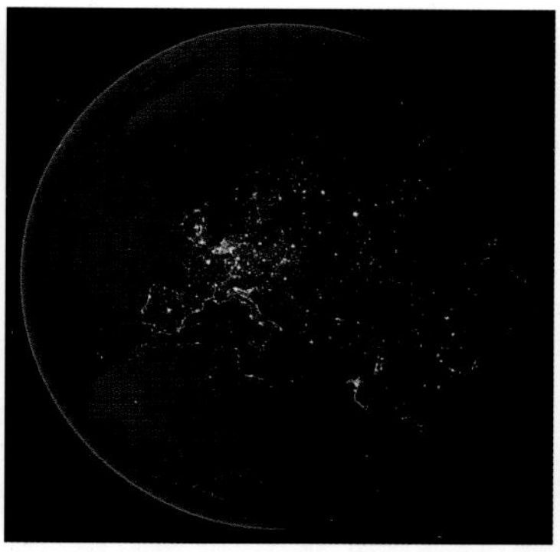

图 1-8-2 西半球夜景卫星影像图

图 1-8-3 全球夜景卫星影像图

第二节 | 光环境规划与设计的认知

本书所谓“光环境规划与设计”，所对应的国际通用的英文名称为“Lighting Planning & Design”，其本意是指“光的规划与设计”。但现代汉语一个词需要两个字组成，Lighting 对应现代汉语词汇应该是“灯光”。灯光规划与设计，虽然与 Lighting Planning & Design 意思完全吻合，但为了表达它作为研究灯光在空间分布而人为营造实用且舒适的环境而言，用光环境替代灯光，更具有学术性也更易于中国人理解，因此本文使用了“光环境规划与设计”一词。“Lighting Planning & Design”在业界通常称为“照明规划与设计”，但这个称谓，其实是将 Lighting 译成“照明”，是日文译法。因为中文“照明”对应的英文为 illuminate，而非 lighting。事实上“照明规划与设计”是近代中国从日本引进的现代科技名词中大量的“日式中文”之一，虽然文字外形相同，但与汉语含义是不一样的。历史上简单的拿来主义，导致这个名称沿用到今天已是约定俗成，因此本书中仍经常沿用这个名称。虽然使用“照明规划与设计”，但必须明确其内涵是“光环境规划与设计”，绝不能把“灯光”、“光环境”与“照明”划等号。

一、光环境规划与设计的理论缘起

人类需要光，希望光可以延续到夜晚，人类也不需要光，人需要黑暗来获得充分的休息，因此，人们透过建筑的开口及其位置，选取自然光源的进光量，再透过窗帘进而控制自然光源的质与量。随着人们对光的要求越来越高，光环境规划与设计这个时尚的新兴行业应运而生。光环境规划与设计的关键是不仅让人能看清物体的形状，最重要的是如何把心情舒畅的空间作为场景展现出来。创造视觉舒适、高效明亮的夜间景观，促进光、建筑、人的协同发展，挖掘光环境的地域性和文化艺术内涵是光环境规划与设计追求的目标。

现代光环境设计理论产生于 20 世纪 50 年，当时最为著名的光环境规划与设计先驱理查德．凯利受舞台灯光设计的影响，提出以营造有“质量”的光环境为主要设计标准的现代光环境规划与设计理念，并对照明进行定性研究，总结出环境照明（Ambient light）、焦点照明（Focal glow）和戏剧化照明（Play of brilliance）。

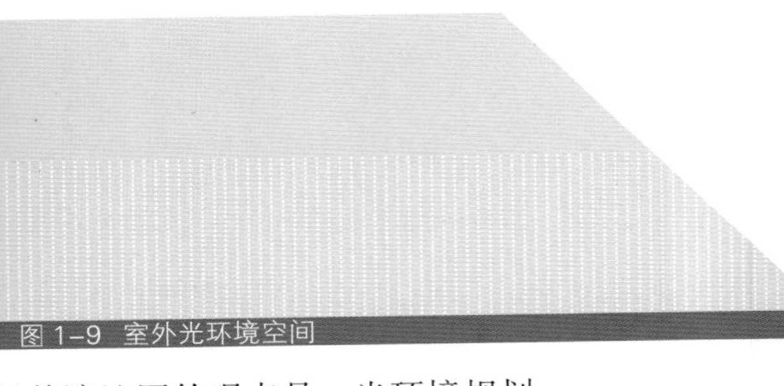
图 1-9 室外光环境空间

20 年后，也就是 20 世纪 70 年代以后，照明设计界普遍认同的观点是：光环境规划与设计应该以满足人的需求为基本出发点，在视觉心理学、行为心理学、环境心理学和建筑学等研究成果的基础上，综合人的生理和心理特点，将人的主观因素作为光环境规划与设计结果评估的重要参数。至此，满足人对人居环境的生理和心理需求成为光环境规划与设计的基本出发点和根本目标，光环境规划与设计实质上是为人们营造高品质的室内外光环境。（图 1-9）

二、光环境规划与设计的目的、内容及特征

1、光环境规划与设计目的与内容

光环境规划与设计是由涉及规划、建筑、景观和室内设计等在内的人居环境科学领域的一门新兴的专业。光环境规划与设计的目的在于巧妙利用自然光，将人工光与自然光统筹考虑，应用人工光对环境进行视觉重塑，为人们营造更有品质的室内外环境，给人带来可能的、最大的便利与舒适，进而提高人们的生活质量，同时给人以美的享受。

光环境规划与设计范围很广，大的室外环境可以是整个城市，可以是一个公园、一个广场、一条街道、一幢建筑、一个构筑物、一件雕塑；小到室内住宅空间、办公空间、商业空间等，着重于灯光在宏观、中观、微观不同尺度层次上三维空间的构思，主要研究以下方面的内容：

（1）研究空间的功能性照明，使空间亮度或光照度满足相应空间性质的需求。

（2）研究光空间的艺术布局，创造出完美协调的空间环境与景观。（图 1-10）

城市空间、街道环境和室内布局等，需要一个有秩序的三维空间体系，要素有重点、有一般，色彩有主调、有基调和配调。光环境规划与设计师使用的技能与城

市规划师、建筑师和景观设计师一样，必须具备空间美学的专业知识背景。尊重既有的空间体系，用灯光将其再现，让它们的空间艺术布局在夜间得到延伸。也可以对各景观元素进行视觉重组，在灯光下给人们呈现出一个新的空间艺术体系。

（3）研究光环境构成要素的表达特点和支撑技术。

从建筑、构筑物、道路、植被、酒店、商场和住宅等，针对不同类型空间的功能、形态、结构及象征等进行不同的灯光表达。此外，对实现灯光表达效果的技术支撑进行研究，包括灯具的应用及二次开发、控制模式设计及节能措施。

2、光环境规划与设计的基本特征

（1）综合性

光环境规划与设计是融技术性与艺术性相结合的设计门类，对象涵盖了城市、区域、街道、建筑、室内等与城市空间相关的各个空间层次，因此它必然是横跨建筑、规划、环境艺术、电气工程等多个专业学科的综合性专业门类，需要整合规划设计、建筑设计、景观设计、绿化设计、室内设计和电气设计等专业知识和技能才能有效解决光环境规划与设计的诸多问题，创造安全美好舒适的夜间光环境。

（2）实践性

光环境规划与设计分为定性化设计和定量化设计。定性化设计以人的感受为依据，考虑人的视觉和使用的人群、用途、建筑的风格、尽可能多地收集周边环境（所处的环境、重要程度、时间段）等多种因素，合理考虑光环境的整体意境和艺术效果；定量化设计是根据场所的功能和活动要求确定照明等级和照明标准（照度、眩光限制级别、色温和显色性）来进行数据化处理计算和合适灯具（不同光色、光束角、配光曲线等）的选择。只有具有较强专业实践经验的照明设计师，才能让客户取得预期的设计效果。

图 1-10 室内光环境空间

（3）创意性

光环境规划与设计的核心在创意，运用多元的照明技术手段进行地方文化的挖掘和光环境的多元表达和创意，通过不同光的色彩、光和阴影、光的形态、光的动静、“图底”关系组织等形成多元的视觉感受和环境特色（图 1-11）。是设计柔和的光，还是氛围严肃的光？是要明亮的、温暖的光，还是静逸、有些紧张感的光？是日常轻松愉快的光，还是富有戏剧性让人印象深刻的光？在确定了光环境规划与设计概念的关键词后，设计师仍可以有很多的构思和表现方法去创作有魅力和特色的光环境。

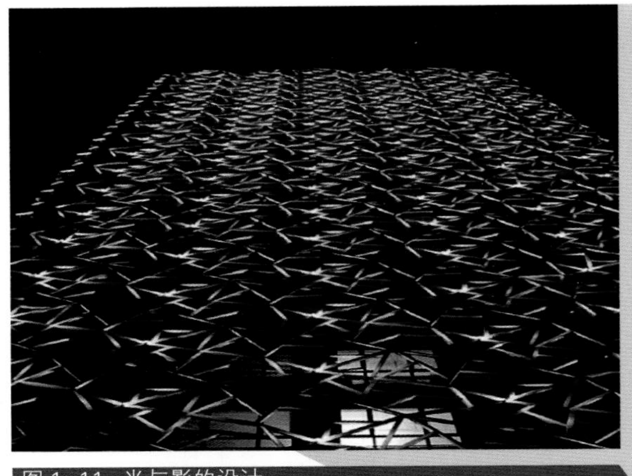

图 1-11 光与影的设计

三、光环境（照明）规划与设计师的职业化

1、历史发展

在科学和艺术之间游动的照明设计，不仅要解决各种条件下设计上的任务，实现照明目的，而且还要具备大量光学、电气或安装的科学技术知识和经验，同时也需要具备一定的哲学和美学意识。欧洲和美国率先使用电能进行照明设计，20 世纪 50 年代美国出现了许多优秀的照明顾问，以照明灯具的光为道具创造新的视觉环境。

不过总的来说，20 世纪 70 年代以前，室外照明的设计由电气工程师、电力设备安装公司、生产厂家、照明设备零售商和能源供应者来完成，主要考虑照明的功能和安全，即照度是否达到技术标准，较少考虑视觉艺术效果，公共照明的艺术性仅通过灯具或者照明设施的外观来体现。“工程师（电气技术人员）”和艺术家（设计师）之间权责清晰，前者负责技术方面的设计，而后者负责灯具的形态设计。到了 20 世纪 80 年代，随着人们对光环境质量的要求越来越高，照明行业快速发展，推进光环境设计发展成为一门独立的专业设计领域。

光环境规划设计经历了从追求光的数量到追求光的质量；从灯具设计到光的设计；从照明技术到照明文化的转变与提升的发展过程。光环境设计主要任务不再仅仅是“照亮”而已，而是在所有范围的环境和空间的设计过程中，关系到如何以强烈的意图设计出光与影，如何在视觉上整理出应该完成的空间形象和氛围。显然，对“光环境规划与设计”仅靠工程师或艺术家单方面各自的努力不可能达到预期的目的，必将催生专业的“光环境（照明）规划与设计师”。

2、我国光环境（照明）规划与设计师职业现状

光环境设计师职业最早在美国于1950年代逐步从建筑、室内设计中分离出来，成为独立的行业，其专业价值也被普遍承认。中国光环境设计起步于20世纪80年代，2005年照明设计师被国家劳动人事部确认为新增职业，设有助理照明设计师、照明设计师和高级照明设计师三个级别。但作为有执业资格的照明设计师，目前尚未纳入国家执业注册管理范围。

从教育来看，国内高校在本科阶段尚未建立光环境（照明）设计专业，仅在清华大学、同济大学、天津大学、重庆大学、华南理工大学、北京工业大学、南京艺术学院、广州美术学院、浙江大学城市学院等部分大学的建筑系或者环艺系开设了光环境（照明）设计课程或研究生专业方向。

不过，市场对专业人员有巨大的需求。我国现有照明电器企业超万家，从业人数超过100多万，从事照明设计的人员大多来自电气、设备、平面设计等专业背景的，而具备建筑设计、城市设计、景观设计、室内设计等专业背景的照明设计人员在我国还十分匮乏，不能满足我国照明事业发展需要。

3、光环境（照明）规划与设计师能力要求

光环境规划与设计是一门综合性很强的工作，针对不同尺度的规划设计对象，要求各不相同。设计师首先需要建筑、规划、景观、室内、艺术等领域的专业背景，其次需要掌握光电技术的基础知识。

优秀的光环境（照明）设计师需要熟练掌握灯具、光源的性能，运用什么光才能创造出好的作品？在不同情况下该用哪种灯？怎样将灯光亮度运用得恰到好处？但目前能完美地做到这些的照明设计师在国内还不是很多。也有不少设计者把光环境规划设计当作单纯技术层面的“照明”规划设计，在未了解“光—环境—人”整体系统的情况下，简单选定灯具和光源后，认为只要达到规范照度、亮度要求即算大功告成。殊不知这样的夜环境有光而无气氛，缺乏应有的视觉效果，更谈不上对人的吸引力。

对于有志从事光环境规划与设计的人而言，需要加强学习，培养并不断提高自己创意能力与美术能力、透视感与竖向表面的应用、快速解读和绘制规划设计的能力、构建透视的能力、工程文字编写能力、组织管理和监督现场的能力以及工程施工和耐久性方面的知识。具体为：

（1）具有建筑设计、景观设计、室内设计或艺术设计相关专业教育背景；

（2）具有良好的空间感、色彩感、美术基本素质和照明技术及电气知识，熟悉各种光源、灯具结构、品牌和配光。

（3）熟悉Photoshop、Autocad、3Dmax等基本绘图软件和Dialux、Litestar等照明专业软件；

（4）具有良好的协调能力和沟通能力，吃苦耐劳，思维活跃，有独到的创意设计理念。

图1-12 视觉舒适照明

四、光环境规划与设计面临的热点问题

在光环境中应用先进的照明科技，实现科学技术与文化艺术的完美结合，塑造安全、舒适、愉悦、人性化、高品质的光照空间，是21世纪光环境发展的趋势。同时，我们也必须关注那些光环境规划与设计中的热点问题。

（1）专业标准与人才培养

作为专业性较强的光环境规划与设计，还属于一个新兴领域，必要的规划设计规范和标准尚不完善。国际照明委员会、北美照明学会等世界学术团体制定了各种照明标准、设计指南、技术导则，集中了照明科学和工程技术上的成就，这些出版物对照明工程设计起到了指导性作用，但在中国要实现本土化还有待时日。我国专业化照明设计师的教育与培养还非常滞后，照明设计专业尚未建立，从业人员不论质量还是数量都有待提高。

（2）视觉舒适与眩光控制

照明设计的核心问题是考虑人们的视觉功效与视觉舒适，它们与光照水平、亮度分布、眩光、光的空间分布、光色与显色性直接相关（图1-12）。视觉舒适肯定没有眩光，但没有眩光不一定舒适，因此追求舒适的视觉观感将是光环境规划与设计永恒追求。

（3）视觉需求与节能减碳

在追求视觉美的同时，节能、省电、环保、绿色这些“低碳”理念，不论在发展中国还是发达国家，都成为人类发自内心深处的呼唤。

（4）智能控制与灯光表演

人与建筑的关系在今天已经迈向友好的智能化和网络化。为了满足人们的视觉和气氛要求，用科技手段塑造和诠释灯光艺术成为强有力的时代脉搏。将传统的手动调光和开关方式变革为可重复的灯光程序，使用者可以采用永久预设、遥控、PC机等多种方式控制场景，利用日光感应器和红外线感应实现自动控制场景等等，让光从配角走向创意无限的主角。（图 1-13）

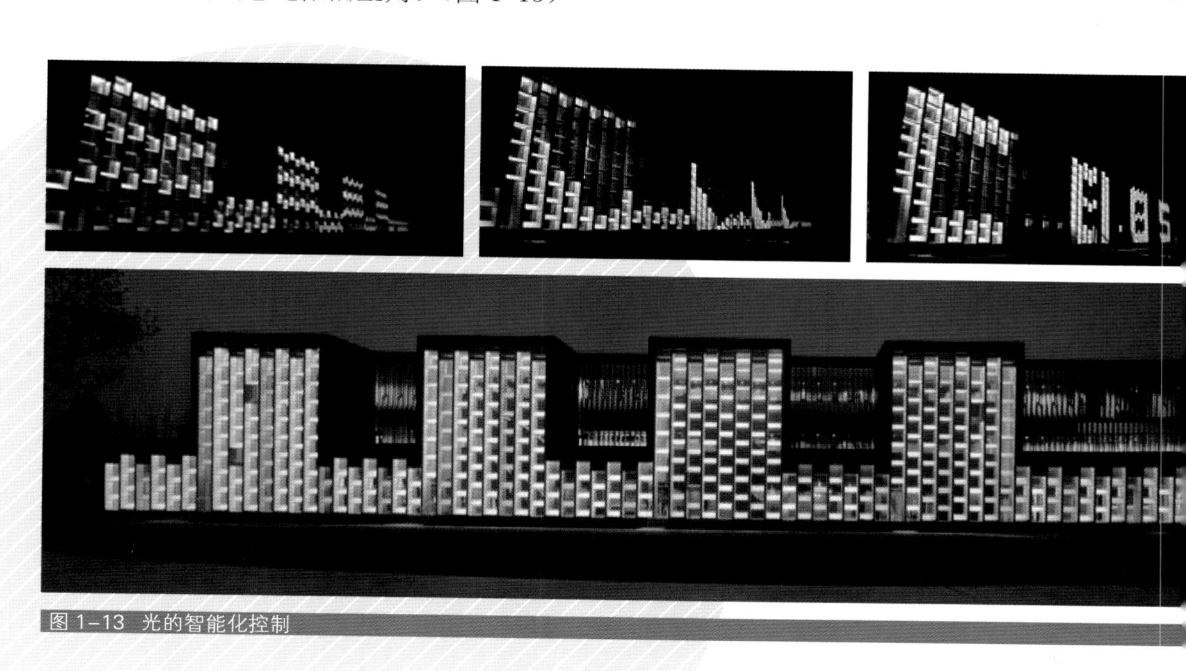

图 1-13 光的智能化控制

第三节 | 光环境规划与设计的一般原则与方法

一、光环境规划与设计的一般原则

1、尊重对象原则

光环境规划与设计是城市规划与设计、建筑设计、园林设计、景观设计、室内设计等各类空间环境规划与设计的延伸与提升，是环境规划与设计的组成部分。照明设计师需要全面解读、理解并尊重各相关专业规划师或设计师的创作意图。光环境规划与设计本质上做的是“锦上添花”的工作，照明设计师也只有在尊重设计对象的前提下，才能读出设计对象“锦”在哪里，也只有分析出“锦”在哪里的基础上，才能够给设计对象“添花”。通过灯光的照射，不但让设计对象在自然光照射下的美在人工光环境中得到延伸，而且让它产生不同于自然光照射下的更加生动美丽的另一面，从而使设计对象视觉效果得到提升。（图 1-14）

照明设计师需要和其他专业设计师进行谦虚的沟通，需要研究设计对象上位规划与设计的要求、功能定位、空间环境、形态结构、构成要素、文化习俗、业主需求等等，根据不同规划设计对象功能与特点决定光环境规划与设计的总体思路，这是通过全面理解其他设计师及其作品获得光环境规划与设计构思的重要原则。如果光环境规划与设计师一味强调灯光自我表达，而不尊重设计对象，那么其设计对象的灯光往往会成为设计对象“画蛇添足”的败笔。在中国目前的城市夜间形象建设中，这种现象可以说比比皆是。

图 1-14 锦上添花的光环境

2、以人为本原则

美国著名社会学家马斯洛（A.MASLOW）在《人类动机理论》一书中提出“需要等级学说”，即生理的需求是人类最基本的需求层次，在基本的生理需求获得了满足后才会去追求属于较高层面的精神和心理上的其它满足。他把人的基本需要发生顺序，由低到高分为五个等级：生理需求、安全需求、社交需求、心理需求、自我价值实现。在照明设计领域里，马斯洛的需求层次理论也可以用来解释照明设计的目的。只要是生物都需要光，植物需要光才能制造光合作用，动物需要光才能够从事其它活动，这些都是生物最基本的需求层次。只有人们在灯光上满足了基本的视觉要求后（生理需求），才会对光的质与量，以及光所产生的美感有更高层次的要求（心理需求）。也就是说至少先需要看的到，才会再要求看得清，看得清之后才会再要求看得美。因此，照明设计的最终目的，不应只是要达到生理需求的目标，还应达到心理上的美感需求，否则所谓的“设计”就产生不了实质意义，随便把灯摆一摆会亮就行了。（图 1-15）

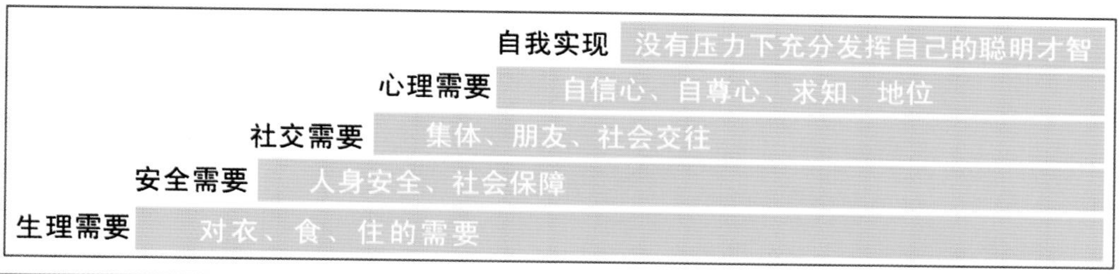

自我实现 没有压力下充分发挥自己的聪明才智
心理需要 自信心、自尊心、求知、地位
社交需要 集体、朋友、社会交往
安全需要 人身安全、社会保障
生理需要 对衣、食、住的需要

图 1-15 马斯洛需求五层次

（1）保证人的生命安全，维护人的尊严。照明设计首先是为了给人们在夜晚的生产、生活或消费活动提供安全舒适的光照环境，典型的是道路及场地地面的功能照明。光源技术、光学设计、材料技术等照明技术的进步，为人们夜间活动提供光色更舒适、显色性更高、地面照度均匀度搞好、寿命更长且电耗更少的更加安全、舒适并且节能的光环境提供了条件，也更有效地降低犯罪率和交通事故率。

（2）重视按“人的活动”和“人的思想”进行设计。人的心理与行为特点成为光环境规划与设计的重要设计依据。人通过各种感受器官接受外界刺激，对外在环境产生丰富的感知，感知的综合效应就形成了人的心理体验过程。视觉、听觉、嗅觉、味觉、触觉构成了人的五大基本感知体验。人处在不同的空间中活动，人的心理感受因环境尺度、视觉感知等而异。避免单纯以人的心理感受为依据，会让照明设计研究维度退化到二维平面设计；单纯以人的行为特征为依据，会让照明设计功能化，失去艺术魅力。

3、表现“时间—空间”动态效果原则

（1）尺度与速度：人对物象的知觉关系会由于其距离的变化而改变，从而产生了近景、中景、远景。距离不同，其大小和认知程度各异，不过不同尺度的景观与观察者的速度有关。步行者和乘车者对同一条大街的印象，前者可以看清具体的细节，而后者只能把握住轮廓印象。因此，必须掌握人与对象物之间的距离和其变化的关系，对步行者，照明设计重点强调近景和中景，对于车行者，重点强调中景和远景。

（2）动线：针对大尺度的城市光环境规划与设计时，需要考虑观察线路——动线的布置。动线布置是一种时间与空间的综合艺术，首先必须考虑线路与空间的关系，线路要把各个景点“串珠成链”，当然串联的方式应该考虑“步移景异”的原则。

图 1-16 夜景动线组织

其次，考虑空间的连续效果，并使之序列化。各个空间节点应该整体考虑，作为一个景观序列，呈现在观察者眼前。（图 1-16）

第三，应考虑人的行动方式。观察者是车行还是步行，都影响着动线的布置。

图 1-17 柳浪春夜

（3）季节与气候：自然光下，季节有着它特定的色彩印象，例如：

春天——浅绿色；夏天——深绿色；秋天——金黄色；冬天——白色。

而人工光由于其可控性，一方面可以通过光来再现季节印象，另一方面，也可以通过光色应用，而传递出季节变化的印象。（图 1-17）

对于雾、雨、雪、风等自然气候

现象，通过人工光设计，再结合声电技术，则可以得到模拟表达。相对于其它的环境规划与设计来讲，光环境的规划与设计由于可以表现季节、气候等时间要素，在维度表达上超越了三维空间设计，而成为四维环境艺术设计。

4、追求环境空间形式美学原则

光环境的作用不仅仅是功能性的，同时还具有美学和科技发展的意义。

（1）整体美原则。整体的范围和大小是相对的，可以无限大，也可以很小。被看成整体的范围，应由空间的视点、位置、性质与地位来确定。在光环境规划与设计整体美创造过程中要注意以下三个方面的问题：

第一，强调立意。立意也可以称为主题、定位，它是设计的方向指南，也是使空间各构成要素有机组成一个整体的前提条件。当然光环境规划与设计重点还在为人们塑造一个人工光下的环境，强调以人为本的场所精神是立意的原则。

第二，明确主次。夜景观表现对象和表现色彩都有“主调”、“配调”和“基调”之分，从而塑造秩序、匀称与明确的视觉感受。（图 1-18）

第三，突出重点。主要是指强化视觉的重点或焦点。在夜景观空间体系中，有视觉重点或焦点时，可以强调出空间体系的主题和韵味，同时也是视觉均衡点。通过光把景观特性显露出来，从而创造出“区域性记忆标志”、“场所认知的持久性”等。

图 1-18 新加坡城市照明

（2）生气美原则。生气是具有活力的喻义，活力则表现生命力旺盛，又有美感。光环境生气美主要体现在以下几个方面：

新。包括采用新型光源、灯具、3D 投影等新技术，创造新鲜的视觉环境，体现时代感。

动。人工光的可控性，特别是 LED 技术的应用，让灯光载体在形态结构和色彩上都可以发生动态变化。

对比。对比的统一是艺术的生命，它体现出灯光环境的活力与动感。光环境对比包括光影对比、色彩对比、虚实对比等。“有光才有影，做光即做影”，光与影相得益彰，赋予光环境很强的艺术感染力；光与色影响人的情绪，色彩不同，人对光环境的温度感、距离感和重量体积感都会发生变化；不同特色的光环境设计需要综合运用这些光与影、光与色等的基本原理，营造高品质的光环境空间。（图 1-19）

（3）和谐美原则。在现代经济技术条件下，光环境不仅表现为载体灯光表达的多样性，而且表现更丰富的精神生活。具体包括丰富的灯光表现、有趣味的灯光、有地方特色和乡土文化的光环境以及“见光不见灯”，灯具应尽可能小巧、隐蔽。（图 1-20）

二、光环境规划与设计的基本方法

现代光环境规划与设计的方法，是作为一个系统考虑，所涉及的问题常常包括设计程序、创作思考和电脑辅助三部分。

1、设计程序。

光环境规划与设计程序与其他规划与设计程序基本相同，主要包括接受任务、调查研究、方案设计、方案选择、方案实施和反馈意见收集等。但考虑设计对象的多元性和复杂性，设计应用时可根据具体情况有所变化。

在设计程序中，关键是调查研究。调查研究是设计创作思考的依据和形成设计意念的前奏。调查研究是发现问题，研究设计条件，使设计目标更加明确的手段。“一切开始于调查研究”。光环境设计有两个基本目的，一是为识别物体，二是为增进环境气氛。良好的照明不但要符合视觉的生理要求，也要达成情境的心理需求。也就

图 1-20 杭州西湖游船

图 1-19 光与影的对比

是说，除了必须适当的照明数量之外，还要考虑照明品质的提升。为了提供一个舒适的照明环境，在进行照明设计之前，必须充分了解一些照明的基本条件，其中包括：照度的大小，辉度的分布，眩光的控制，阴影的利用，光源的色温，光源的显色性及光源的闷热感等。调查研究在光环境规划与设计中，占有极为重要的位置。

图 1-21 杭州西溪湿地建筑群夜景

光环境规划与设计的调查研究应该包括设计对象调查研究、社会调查研究和设计条件研究三个方面。

设计对象调查研究，包括其功能、形态、结构、位置、环境、现状照明状况等。

社会调查研究，包括地方文化和风俗、宗教、使用者意见、受影响群体意见等。

设计条件调查研究，有关设计图纸、有关设计依据、有利条件、不利条件和限制条件等。必要时，通过试灯实验，获取照明数据。

2、创作思考

（1）再现设计对象：对白天景象的还原和表现。（图 1-21）

再现方法最主要用于设计对象功能性照明上。例如道路照明、办公室室内照明，基本是模拟自然光自上而下照射方式将载体形式还原。当然景观照明也经常会用到，但不一定要求光照方向是自上而下，也可以水平投射，也可以自下而上投射载体。也不一定是完全还原载体白天日光下显现出来的色彩。再现的设计方法最核心的就是让载体的完整形态和结构在夜间得到体现。虽然再现的方法，仅仅从被表现载体本身而言，设计的创意性体现不足，但在一个环境景观体系中，该载体的“再现”也许就成为必不可少的景观形象了。

（2）重塑设计对象。对设计对象夜间形象的重新塑造是光环境设计的魅力，是照明设计师发挥个人创意的重要方面。对设计对象而言，又可以分为两种方法：有限再现和纯视觉创新。

有限再现。对设计载体有限再现，有着巨大的设计空间。几乎囊括了光环境规划与设计创意的主体。例如对于建筑外观夜景照明，可以参照“图底理论”，夜间让窗户亮出，而让墙面黑暗，形成与白天不一样的印象；对于商店室内照明，可以用聚光型灯光把重要商品照亮，提高与环境亮度对比度，这些商品就会自然“跳入”顾客眼中。（图 1-22）

随着 LED 照明技术的快速发展，人工光的可控性更强，让有限再现的设计方法进一步拓展。2008 年飞利浦照明公司提出了“情景照明”方法，也就是以环境的需求来设计灯具。情景照明以场所为出发点，旨在营造一种漂亮、绚丽的光照环境，去烘托场景效果，使人感觉到有场景氛围。而作者认为“景”应上升为“境”，“情境照明”的提出，是以人情感为出发点，从人的角度去创造一种意境般的光照环境。情境照明可以满足人的精神需求的照明方式，使人感到有情境。

纯视觉感受的重新创造。通过对载体进行彩灯装饰或进行 3D 投影灯投射，完全改变了载体白天的形象，给人一种新奇特的视觉感受。（图 1-23）

3、电脑辅助

计算机可以帮助设计人员承担计算、信息存储和制图等各项工作，光环境规划与设计除了可以用手绘表达设计构思和初方案等，也需要借助电脑进行辅助设计。运用 Autocad 软件将草图变为矢量工作图，然后借助 Photoshop 表现模拟光照效果。

此外光环境设计用得比较多的是专业软件 Dialux，可以进行准确的照度计算，提供 3D 虚拟光环境分析，并形成选用灯具的完整报表。

图 1-22 有限再现光创作

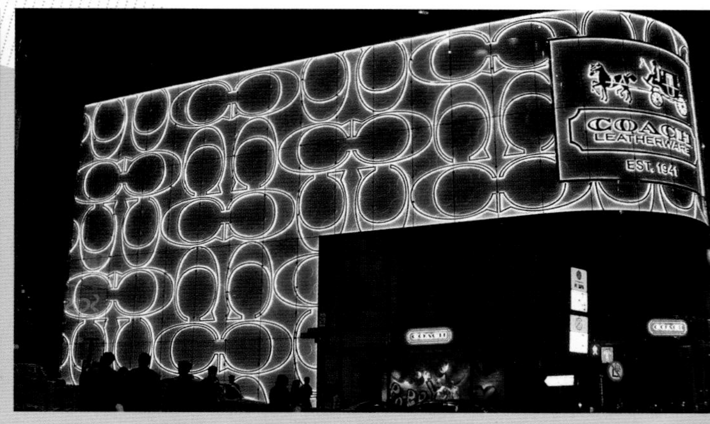

图 1-23 纯视觉感受光设计

第二章　光环境规划与设计的技术基础

第一节 | 光与视觉感知

一、光学基础知识

1、光的基本特性（波动性、微粒性）

（1）可见光

光的本质是电磁波，在波长范围及其宽广的电磁波中，光波仅占极小的部分，能够被视觉感知的可见光波的波长范围约在380nm到780nm之间，表现为红、橙、黄、绿、蓝、紫的光谱颜色。超过可见光谱的红外区域和紫外区域，人的视觉无法感知，但是生理上可以感知到。譬如，红外线会使人感到皮肤发热，波长小于30nm的紫外线辐射会损害生物组织等。因此，照明设计也要考虑红外线和紫外线辐射对人的负面影响。

（2）单色光

让太阳光经过狭缝成为一条细线，再通过一个棱镜并映照在白色的屏幕上，就可以看到一条彩色的光带（图2-1）。

对光进行这样的分解称为分光，所得到的彩色带称为分光光谱，它的颜色从波长较短的开始，顺序分开为紫—青—蓝—绿—黄一橙一红，通过分光所获得的色光称为单色光。

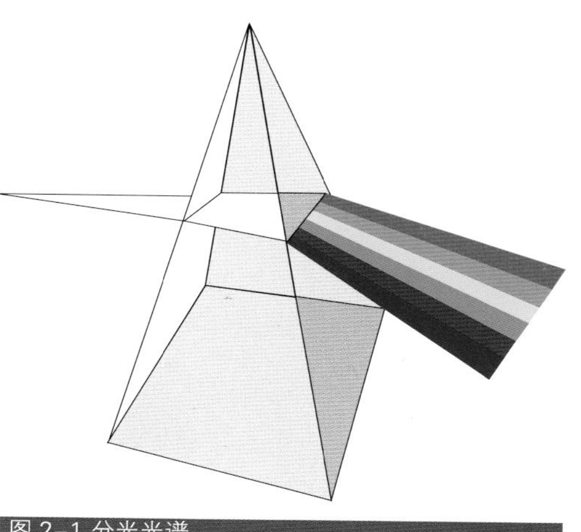
图2-1 分光光谱

（3）日光（白色光）

在光谱中，虽然有紫、青、蓝、绿、黄、橙、红等单色光，但如果有红、绿、蓝三种颜色，那么，就能制造出几乎全部的颜色。这称之为光的三原色原理。把三

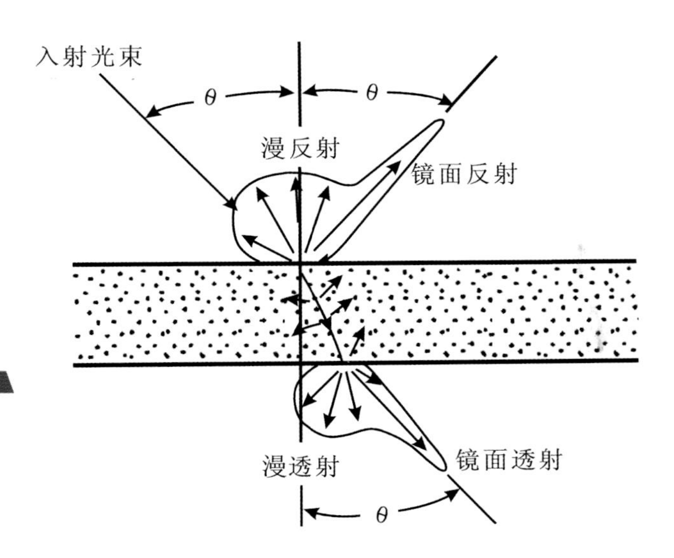

图 2-2 光的作用

原色组合起来，根据波长成分的大小可以产生各种颜色，如果把三原色以相同的比例混合起来就能得到白色光（日光）。

2、光的反射、散射、吸收、折射

光与物体的相互作用，主要通过反射、散射、吸收、折射来实现。（图 2-2）

（1）反射：人们所看到的一切影像均来自于物体对光的反射。光的反射分为镜面反射、定向扩散反射和漫反射。镜面反射是当光线照射到光亮平滑的表面时，光线的反射角等于入射角。定向扩散反射也称半镜面反射，光线的反射朝着一个方向扩散。漫反射是当光线落到白色墙面或其他具有均匀质感的材质上时，反射的光线没有方向性。

（2）透射：是指光线穿过某类介质后继续辐射的现象。根据介质的透光率大小，光线或多或少被吸收。根据介质构成不同，透射可分为直线透射、定向扩散透射和漫透射三种。

（3）吸收：是指当光线经过介质时，一部分被反射，一部分透射，另外一部分被介质吸收。通常颜色较深的表面比颜色浅的表面吸收更多的光线。

（4）折射：是当光从折射率为 n_1 的介质进入到不同密度的介质时（空气到玻璃或玻璃到空气），光的方向发生改变。偏离的程度与两种介质的折射率有关。

在所有波长都受到同等反射时，如果其反射比高，就会接近太阳光颜色的白色，若反射比低的话颜色就会发暗。例如，混凝土在白天看时是干白色，这是因为对所有的波长，其反射比都很高，所以看起来呈现白色。但把水洒在混凝土表面上时，所有波长的反射比都会同等地降低，所以看起来就会呈现出灰色。

二、视觉过程

1、视觉原理

人类87%信息来自眼睛。眼睛是认识物体的形状、亮度和色彩的视觉器官。其构造类似于照相机的结构。在相机的最前面安装了保护透镜的滤光器，在眼睛中与之相对应的是角膜。与调节进入透镜的光量的光圈对应的是虹膜，被虹膜包围着的是瞳孔，瞳孔的直径在环境亮的时候变小，最小为2mm，在环境暗的时候变大，最大约为8mm。通过瞳孔的光在所谓的水晶体（玻璃体）的透明部分中折射通过，这个部分和角膜相当于相机的透镜，其焦点的调节是通过水晶体的厚度改变而进行的。（图2-3）

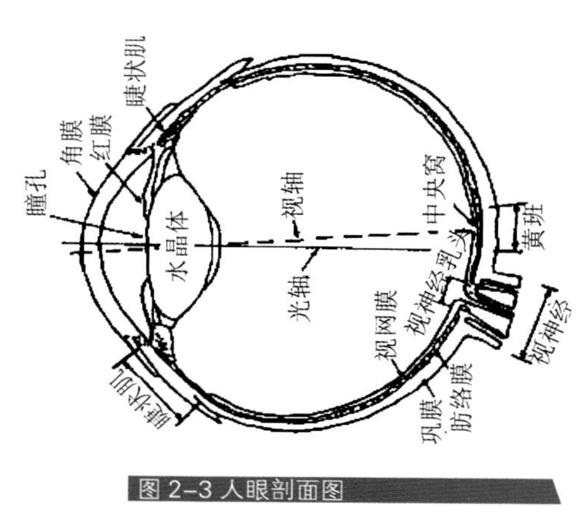

图2-3 人眼剖面图

（1）明视觉和暗视觉

由于人的视觉具有适应能力，能够调和周边环境和视觉对象的亮度进而调整其敏感度，适应能力与视网膜里的锥状体和杆状体两种视觉细胞有关。两种视觉细胞对光灵敏度不同。在环境明亮的时候，锥状体有正确感知物体形状和色彩的功能，非常密集地分布在被称为中心凹的部位，有“中心视觉”之称；杆状体广泛地分布在中心之外的地方，称为“周边视觉”，与中心视觉相比，对形状和色彩的分辨能力较低，会感觉到物体的形状和活动，看到的物体都是黑色、白色和灰色。

当亮度高于大约3cd/m^2时，视觉系统主要是锥状细胞起作用，称为明视觉；当亮度低于0.01cd/m^2时，视觉系统主要是杆状细胞起作用，称为暗视觉；当锥状细胞和杆状细胞同时起作用时，称为中间视觉。

（2）明适应和暗适应

当眼睛习惯了暗的环境之后，如果急速地走到明亮的室外，虽然眼睛会有一瞬间的昏花，但很快就会习惯周围的亮度，这种现象称为明适应。明适应状态很快就会结束，而暗适应则需要花费相当多的时间。暗适应所需要的时间与亮度大小和亮度差别有关，最长时需要30分钟左右。

（3）眩光

由于光线在视野中的分布不合理或亮度不适宜，或存在极端的亮度对比，而引起的视觉不舒适感和观察能力的降低，这类现象统称为眩光。（图 2-4）

眩光是影响照明质量和光环境舒适性的重要因素之一，对人的生理与心理皆有十分明显的影响。按眩光产生的方式，可分为直射眩光、反射眩光与光幕眩光。直射眩光指在正常视野范围内出现亮度过高的由光源直接发出的光线；反射眩光指光源发出的光线经过镜子、玻璃或其他光滑表面的反射后聚集成亮度过高的光线进入视野；光幕眩光指反射眩光覆盖在物体上的一层幕布，蒙蒙眬眬的，让人看不清物体的细节。按眩光对视觉影响的程度不同，可分为不舒适眩光和失能眩光，不舒适眩光使视觉产生不舒适的感觉，失能眩光却能降低视觉对象的可见度。

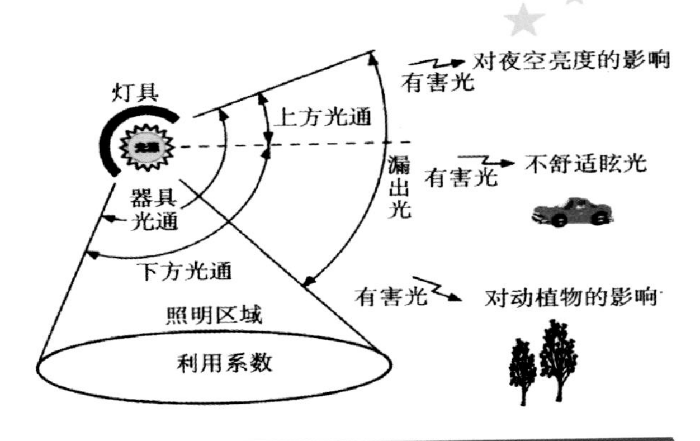

图 2-4 照明对周围环境的影响

2、视野

把视点固定在正面时眼睛所看见的空间范围称为视野。单眼时的视野范围，其水平视野以眼球为中心，在脸的内侧方向为 60°，在脸的外侧方向为 100°，垂直视野 130° 双眼能够看见物体的水平视野约为 120°，其视野范围非常宽，与照相机透镜的视场角相比，要想看到与用双眼能够看见东西的视野相同的水平视场角的话，必须用 35mm 相机、焦距为 10mm 的超广角透镜。

人的视野实际上由于加入了头部的转动而变得更加宽广，若将头的转动范围换成角度的话，则前（下）为 50° 左右，后（上）约为 70° 左右，左右分别是大约 75°。从这个视野中所得到的信息精度有相当的偏差，能把目标准确识别出来的视野范围只是中央窝附近 1° ～ 2° 的区间。（图 2-5）

3、视觉环境

（1）照明光环境质量

视觉环境的好坏首先是照明所形成的光环境的好坏，通过以下几个方面进行呈现：

①照明水平（照度）；②视场中的亮度分布；③眩光的防护；④光的空间分布；⑤色温和显色性能。

（2）视觉环境质量

照明光环境质量只是决定看得好不好的一个基本因素，视觉环境的质量不仅取决于光的数量，而且取决于其他两个方面：其一每个观看者有其特定的信息要求；其二每个对象有其各自的特征。对于如何分析视觉质量，杨公侠教授总结为七要素：

①观看者的经验和注意力；

②对象的特征：形状、视张角、固有的对比、色彩、质地、镜面度和反射率等；

③同时对比；

④相邻事物的关系，如信息内容、图案、图像 / 背景的区分；

⑤适应性；

⑥照明质量，如几何关系、扩散特征、方向性、光谱组成、数量和偏振等；

⑦视觉环境中有无注意力集中点或分散注意力的因素。

不应将宝贵的能源用于照明那些不需要去看的地方，专业水平低的照明设计往往认为良好的照明就是为目标空间中的任何地方提供规定的最低照度水平的照明，即用规范标准来代替设计创意。

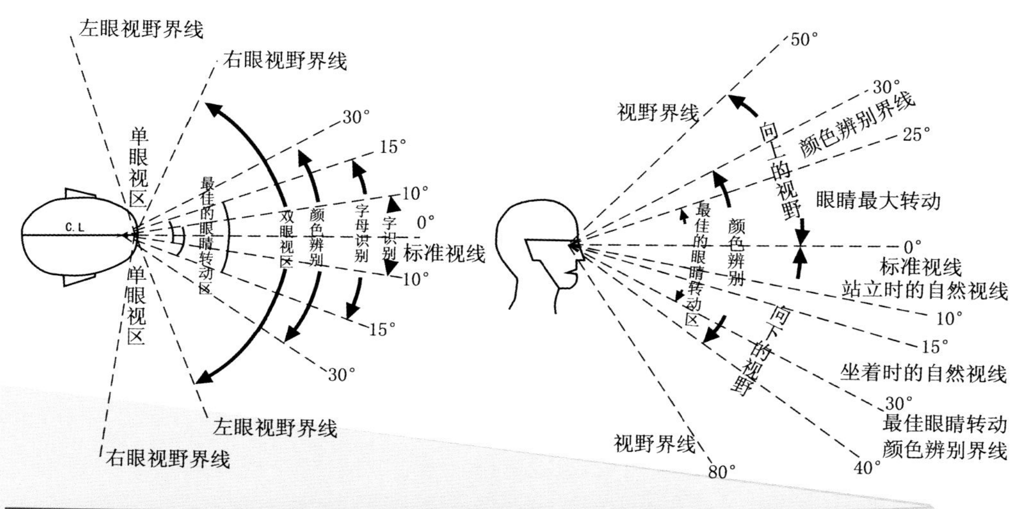

图 2-5 人的视觉范围

三、光环境的相关技术参数

1、光通量：光源单位时间发出光的量。

光通量的符号是 F 或 Φ 表示，单位流明，符号 lm 。

视觉对不同波长的电磁波产生的颜色具有不同的灵敏度，其中对黄绿光最敏感，常常会觉得黄绿光最亮，而波长较长的红光和波长较短的紫光则相对暗得多。为便于衡量这种主观感觉，国际上把 555nm 的黄绿光的感觉量定为 1，其余波长的光的感觉量都小于 1。照明设计用光通量来衡量光源发出的光能大小，指单位时间内光的总量，光通量类似于每分钟流过的水量。如一只 40W 的普通白炽灯光通量为 350-470lm，一只 40W 的普通直管荧光灯的光通量可达 2800lm。

2、发光强度：点光源在给定方向的发光强度，是光源在这一方向上立体角元内发射的光通量与该立体角元之商。

符号：I；单位：坎德拉（cd），其他单位有烛光、支光。

光源辐射是均匀时，则光强为 I=F/Ω，Ω 为立体角，单位为球面度（sr，一个球面度等于总的球表面积除以 4π），F 为光通量，单位是流明，对于点光源 I=F/4π。

发光强度是针对点光源而言的，或者发光体的大小与照射距离相比比较小的场合。这个量是表明发光体在空间发射的汇聚能力的。可以说，发光强度就是描述了光源到底有多亮，仅与方向有关，与该光源的距离的己关。

例如，烛光的光强为 1cd；100W 普通白炽灯为 110cd；而阳光下的光强可达 3×10^{27}cd。

3、照度：是衡量入射光的量，即单位平面上接受的光通量的面密度。

符号：E；单位：勒克斯（1 lx=1lm/m^2 ）

1 照度是指被光均匀照射的物体，距离该光源 1 米处，在 1m^2 面积上得到的光通量是 1lm 时，它的照度是 1 lx，习称“烛光米”。

一般情况：夏日阳光下为 100000 lx；阴天室外为 10000 lx；室内日光灯为 100 lx；距 60W 台灯 60cm 桌面为 300 lx；电视台演播室为 1000 lx；黄昏室内为 10 lx；夜间路灯为 10-20 lx；烛光（20cm 远处）10 ～ 15 lx；满月 0.2 lx。

在照度不足的环境下，人眼对物体的辨别能力将下降，视觉所收集到的信息也会随之减少，从而影响工作效率。此外，还会给人阴暗，沉闷和压抑的感觉。反之，充足的照度会给人带来明亮、开朗和舒适的感觉，甚至提供安全的保障。通常人眼对于物体的辨别能力会随着被照物体照度的增加而提高，但当照度提高到与白天太阳光的照度 10 万 lx 相同时，人眼的视觉能力反而又会略而下降，因而，人工光源所能提供的照度以 10 万 lx 为限。

世界各国对各种场所所需的照度均订有各自的国家标准，中国所订的照度标准，以目视作业面上的水平照度来表示，并以作业面离地 85cm 为准，坐姿时离地面 40CM，走廊与屋外则以地面为高度来计算照度，并规定全部照明的照度宜维持局部照明照度的十分之一以上。

表 2-1　一般场所或活动推荐照度值

推荐照度（lx）	场所或活动
20	户外和工作区域
100	通行区域，简单定向或短暂停留
150	不连续用于工作目的的房间
300	视觉简单的作业
500	一般视觉作业
750	对视觉有要求的作业
1000	有困难的视觉要求的作业
1500	有特殊的视觉要求的作业
2000	非常精确的视觉作业

4、亮度：在视线方向单位投影面积上的光强密度。1 尼特相当于 1 平方米面积上，沿法线（$\alpha=0°$）方向产生 1 烛光的发光强度。（光源或受照物体发射的光线进入眼睛，在视网膜上成像，使人们能够识别它的形状和明暗程度。）

符号：L；单位：坎德拉 / 米 ^{2}（cd/m^2 烛光每平方米，又称尼特，符号是 nt）

$$L=E\times \rho /100\div \pi$$

在照明系统中，每种物体的亮度大小取决于光源的照度分布及周围物体表面材料的反射率。这里所指的周围物体表面材料包括天花板、墙面、地面、家具等可以反射光线的材料。在所有的光度量中，亮度是唯一能直接引起眼睛视感觉的量，是指眼睛对发光体（既指光源，又指被光照射产生反射光的物体）明暗程度的感觉，它是表示发光面或被照面反射光的发光强弱的物理量。如人眼看到黑白两个面，在

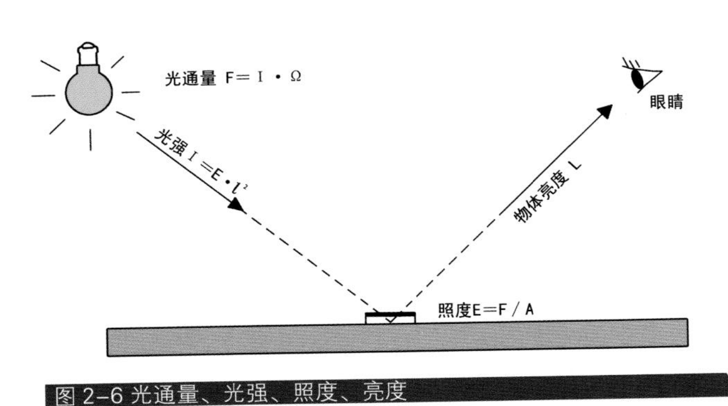

图 2-6 光通量、光强、照度、亮度

照度相同的情况下，但亮度却不同，因为两个面反射出的光线不同。（图 2-6）

一般而言，晴天天空亮度为：（0.5-2）$\times 10^4 cd/m^2$；白炽灯丝：（300-500）$\times 10^4 cd/m^2$；普通荧光灯：（0.6-0.9）$\times 10^4 cd/m^2$。

不同材料光学性质不同，反射或折射光线产生的亮度效果不同，公式中的 ρ 就是指材料的反射比，详见表 2-2 常用材料的透射比、反射和吸收比推荐值。

表 2-2　常用材料的透射比、反射和吸收比推荐值

材料名称	光学特征	透射比 τ（%）	反射比 ρ（%）
透明的无色玻璃	定向	89 ~ 91	2 ~ 8
磨砂玻璃（砂磨）	定向散射	72 ~ 85	12 ~ 15
乳白色玻璃	混合	—	30 ~ 60
有机玻璃	—	63	22
镀银之镜面玻璃	定向	—	70 ~ 85
磨光玻璃	定向	—	65 ~ 75
镀铝毛面	定向散射	—	55 ~ 60
白色胶染料	漫射	—	80
水泥砂浆粉面	漫射	—	45
砂墙（黄色）	混合	—	31
白色瓷砖（粗面）	混合	—	67
土色瓷砖（粗面）	混合	—	39
室内常用装饰色彩	—	—	—
灰色	—	—	55 ~ 75
蓝色	—	—	35 ~ 55
黄色	—	—	65 ~ 75
米色	—	—	63 ~ 70
绿色	—	—	52 ~ 65

5、色温：光源表面的颜色，与黑体颜色比较决定。

光线的颜色主要取决于光源的色温。当光源发出的光的颜色与黑体在某一温度下辐射的颜色相同时，黑色的温度就称为该光源的颜色温度，简称色温，以电光源的开始温标表示，符号是 K。

色温有绝对色温和相关色温之分。绝对色温是指连续光谱光源发出的光的颜色，如白炽灯；相关色温是指非连续光谱光源发出的光的颜色，如气体放电灯。

光源色温大于 5300K 时的光色看起来比较凉爽，称之为冷色光；色温小于 3300K 时的光色看起来比较温暖，称之为暖色光。色温属于 5300K ～ 3300K 之间的光色介于冷暖之间，称为中间色。（图 2-7）

一般来讲，红色光的色温低，蓝色光的色温高。低色温的暖光在低照明水平下比较受欢迎，容易使人联想到火焰或者黎明与黄昏时的眼光所拥有的金红色光芒。高色温的冷光在较高的照度时较受欢迎，容易使人联想到昼光。照度与色温对人体的视觉感受存在如（图 2-8）对应关系。

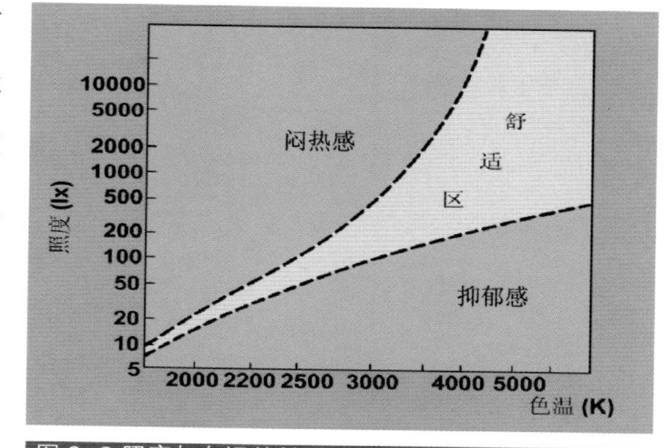

图 2-8 照度与色温的关系

6、显色性：在非连续光谱的气体放电灯照射下，颜色会失真，这种光源对物体真实颜色的呈现程度称为光源的显色性。用显色指数来表示，符号 Ra。

物体之所以有颜色，是因为物体表面吸收入射光中某些波长的光，同时反射其余波长的光，反射光波的颜色就是物体的颜色，由于光的光谱分布不同，同一个物体在不同光源下呈现不同的色彩。当人们辨认物体的色彩时，由于受到各种外界因

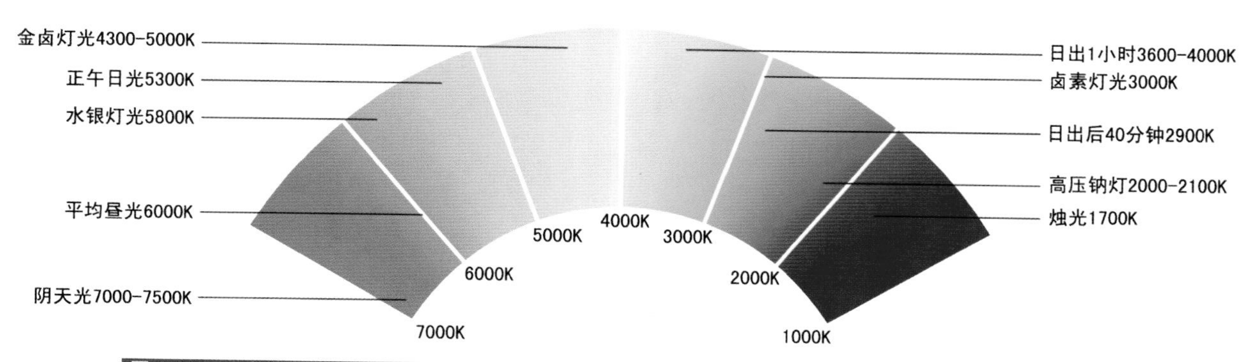

图 2-7 不同光源的色温

素的影响，物体所显现的色彩往往与物体的固有色不一致，使用不同色相的光源，物体的显现色就会直接被影响。（图 2-9）

例如，以白炽灯照明为主的服装店买一件看到的是带黄色的白衬衣，然而拿到店外自然光下观察，发现看到的是带蓝色的白衬衣。因此，不同的光源下同一件物体具有不同的光色。一般而言，光源中包含越多的光谱色，光源的显色性越好。例如钠灯，低压钠灯辐射的光谱中，黄光部分窄而短，所以在此光照下物体呈现黄色和灰色。

按照我国现行规范，照明用灯的显色组别分为 4 组，即显色指数 Ra ≥ 80、60 ≤ Ra < 80、40 ≤ Ra < 60、Ra < 40。在商业照明中对光源显示指数要求比较高，按照国际照明委员会的规定，商业照明光源的显示指数是 Ra ≥ 80。要提高显色性，需采用大于等于 500 lx 的高照度照明，当被照体表面照度高于 1000 lx，那么，光源的显色性才能充分表现出来。

Ra=75

Ra ≥ 90

图 2-9 不同显色指数的光照效果

第二节 | 光 源

一、光源的演变与种类

1、光源简史

在漫长的人类历史进程中，受到自然界如火光（热辐射光源），闪电（气体放电光源），萤火虫、海底生物（固体发光光源）等的启发，人类对自然界存在的光源进行利用，整体而言分为三种光源：热辐射、气体放电和电致发光光源。火开始了人类照明领域的第一次革命，而爱迪生发明的白炽灯被公认为第二次照明领域的革命，而被称之为LED的半导体照明，无疑将引领人类照明领域第三次革命。因此，经过100多年的发展，人类光源经历了白炽灯、荧光灯、高强气体放电发光以及LED四个阶段。

人类对电光源的研究始于18世纪末。19世纪初，英国的H. 戴维发明碳弧灯。1879年，美国的T.A. 爱迪生发明了具有实用价值的碳丝白炽灯，使人类从漫长的火光照明进入电气照明时代。1907年采用拉制的钨丝作为白炽体。1912年，美国的I. 朗缪尔等人对充气白炽灯进行研究，提高了白炽灯的发光效率并延长了寿命，扩大了白炽灯应用范围。20世纪30年代初，低压钠灯研制成功。1938年，欧洲和美国研制出荧光灯，发光效率和寿命均为白炽灯的3倍以上，这是电光源技术的一大突破。40年代高压汞灯进入实用阶段。50年代末，体积和光衰极小的卤钨灯问世，改变了热辐射光源技术进展滞缓的状态，这是电光源技术的又一重大突破。60年代开发了金属卤化物灯和高压钠灯，其发光效率远高于高压汞灯。80年代出现了细管径紧凑型节能荧光灯、小功率高压钠灯和小功率金属卤化物灯，使电光源进入了小型化、节能化和电子化的新时期。90年代以来，光纤和导光管应用于很多特殊场合，通常是出于美学上的考虑。

进入21世纪以来，LED（发光二极管）光源应用越来越广泛和普遍，尤其是结合RGB的配色原理创造变色效果为照明设计师的创意提供了无限的想像空间。

2、光源种类（图2-10）

（1）热辐射光源。电流流经导电物体，使之在高温下辐射光能的光源。包括白炽灯和卤钨灯两种。

（2）气体放电光源。电流流经气体或金属蒸气，使之产生气体放电而发光的光源。气体放电有弧光放电和辉光放电两种，放电电压有低气压、高气压和超高气压3种。弧光放电光源包括：荧光灯、低压钠灯等低气压气体放电灯，高压汞灯、高压钠灯、金属卤化物灯等高强度气体放电灯，超高压汞灯等超高压气体放电灯，以及碳弧灯、氙灯、某些光谱光源等放电气压跨度较大的气体放电灯。辉光放电光源包括利用负辉区辉光放电的辉光指示光源和利用正柱区辉光放电的霓虹灯，二者均为低气压放电灯。

（3）电致发光光源。在电场作用下，使固体物质发光的光源。它将电能直接转变为光能。包括场致发光光源和发光二极管两种。

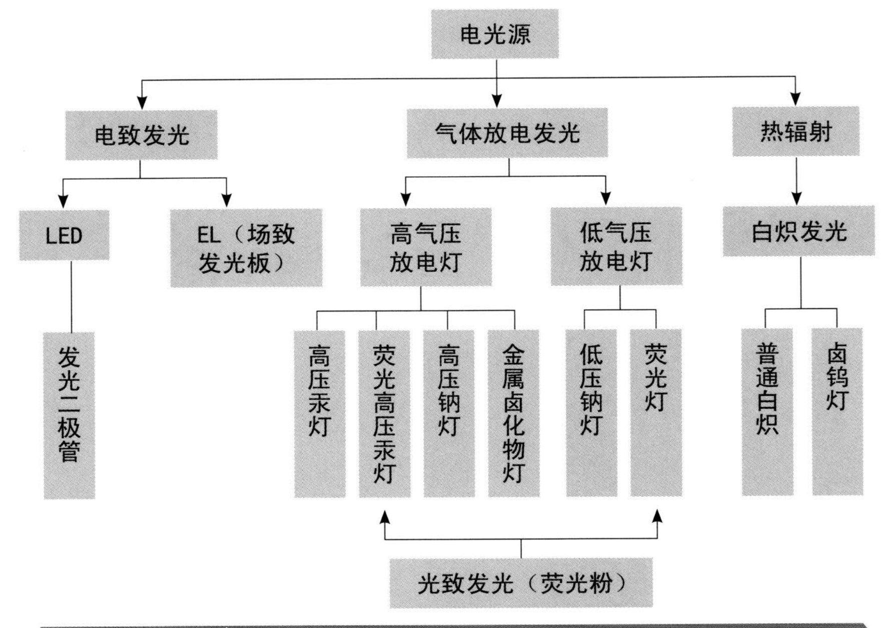

图 2-10 电光源分类

二、常用光源基本特征及适用范围

1、热辐射光源

（1）普通白炽灯

基本组成部分是灯丝、泡壳、充入气体与灯头。（图 2-11）当电流通过很细的钨灯丝时，将灯丝加热到2300K以上而发光，因此色温较低，约2800K。灯丝温度越高，灯的光效与色温越高。但是，在高温下灯丝容易气化，使灯的寿命降低。为此，在灯泡中充

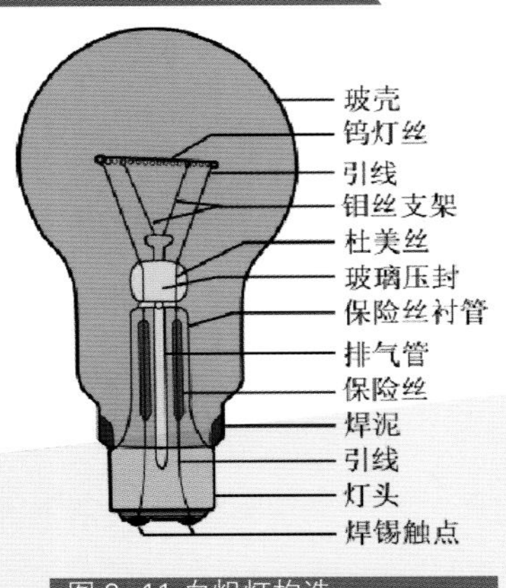

图 2-11 白炽灯构造

入惰性气体氮和氩，减缓灯丝的蒸发。

白炽灯优点是：显色性好，显色指数 Ra=100；直接在标准电源上使用，通电即亮，不需要附加电路；价格低廉；体积小巧。

白炽灯缺点是：光效低，平均光效只有 12-14lm / W 左右；寿命短，典型的预期寿命（与效率有关）从几十小时到几千小时不等。

在新型光源特别是 led 光源快速发展的今天，白炽灯正在加快退出历史舞台，欧盟已宣布到 2015 年全面淘汰白炽灯。中国规定到 2016 年 10 月，15 瓦以上普通照明白织灯均将停止进口和销售。

（2）卤钨灯

1959 年发明的碘钨灯是利用卤钨循环消除灯泡发黑现象，延长寿命或提高光效的改良白炽灯。一般照明用的卤钨灯的色温为 2800 ～ 3200K。与普通白炽灯相比，光色更白一些，光效更高。卤钨灯的显色性十分好，一般显色指数 Ra=100。卤钨灯广泛应用于机动车照明、特种聚光灯、舞台及其他需要在紧凑、方便、性能良好上超过非卤素白炽灯的场合，如商业空间或会展空间中经常使用（图 2-12）。

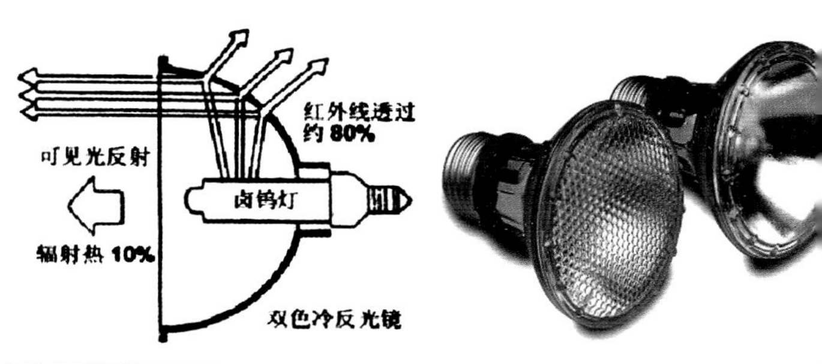

图 2-12 反射型卤钨灯

2、气体放电光源

一般情形下，所有的气体放电灯与白炽灯比起来，更为高效。但所有的气体放电光源都需要某种形式的控制电路才能工作。

（1）荧光灯——低压气体放电灯

荧光灯是利用荧光粉受电子、紫外线或 X 射线照射后发出可见光，为非连续光谱，光源色表偏冷。荧光粉不仅决定了灯的色温和显色性，而且在很大程度上决定了灯的发光效率。一般照明用的荧光灯根据颜色主要分为 4 种：暖白色、白色、冷白色和日光色。

荧光灯代替自炽灯，将节能 75%，寿命提高 8 ～ 10 倍。荧光灯的主要类型为直管型荧光灯和紧凑型荧光灯。

直管型荧光灯的标准化灯管直径为 5mm（T2）、16mm（T5）、26mm（T8）、38mm（T12），最常用的灯管长度为 600mm、1200mm、1500mm。常用于商业和工业照明。

紧凑型荧光灯是引入稀土三窄带荧光粉后，提高光效和显色性。小体积的紧凑型荧光灯能够用于取代白炽灯，产生足够的光线同时节约能源。很多制造商为人行路、台阶等开发使用这种紧凑型荧光灯的灯具，使用5、7、9、11、13W灯具替换20W及更高功率白炽灯具。（图2-13）

紧凑型荧光灯的优点：体积小、光色好、光效高、能耗低以及寿命长。

图2-13 紧凑型荧光灯

荧光灯的缺点：灯的光输出控光不易实现，增加调光费用昂贵，并且范围有限。使用环境温度对其启动有影响，当室外气温低于-25℃时不易启动。普通荧光灯光色偏蓝、冷，显色性不好。

（2）低压钠灯

低压钠灯的放电管是长管形的，通常弯成“u”形，置于抽成真空且涂有红外反射层的夹层外玻壳内，以达到节能和提高光效的目的。（图2-14）

低压钠灯的优点：是人工照明用光源中效率最高的，大约是200lm / W（荧光灯的两倍，卤钨灯的10倍）；且光衰小，寿命长。

低压钠灯的缺点：由于它仅辐射单色黄光，色温2100K，显色指数仅为30。

它的主要应用是对光色没有要求的道路照明、隧道照明、安全照明及类似场合下的室外应用，不宜照射植物。

（3）高压钠灯

高压钠灯需要用陶瓷弧光管，使它能承受超过1000℃的有腐蚀性的钠蒸气的侵蚀。电弧管安装在玻璃或石英泡内，使它与外面的大气隔离（图2-15）。高压钠

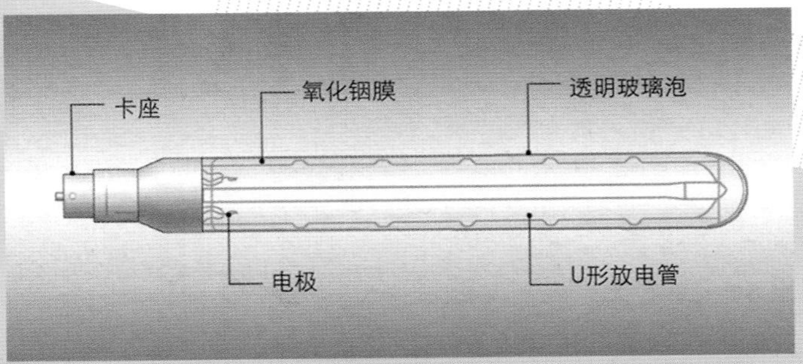

图2-14 低压钠灯

灯在所有高强度气体放电灯中的光效最高（大于 1201m / w），并且有很长的寿命（24000 小时），这些特点使高压钠灯成为停车场、高速路照明的理想光源，在这些场合，中等的显色性就能满足要求。但用它照亮植物，植物会显得黯淡无光和毫无生气。近年来，显色性增强型及白光高压钠灯也可用于室外景观，但这是以降低光效为代价的。

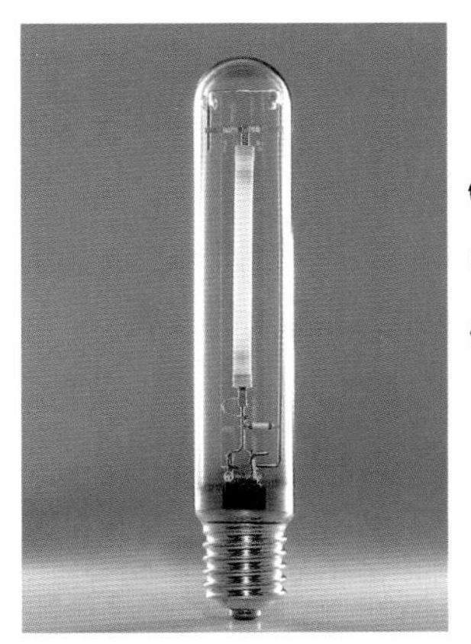

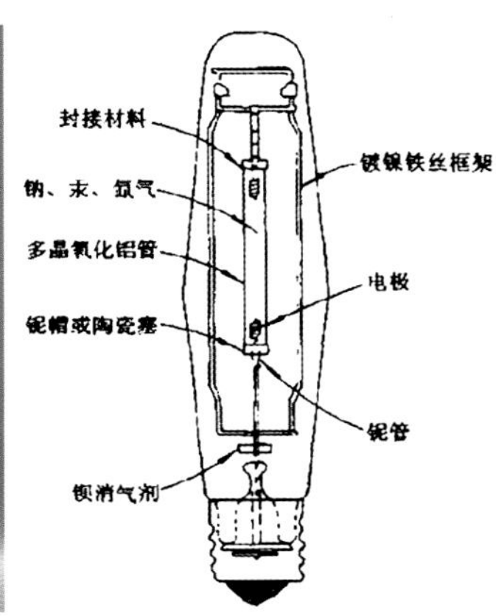

图 2-15 高压钠灯及结构图

（4）高压汞灯

高压汞灯是最简单的高强度气体放电灯，放电发生在石英管内的汞蒸气中，放电管通常安装在涂有荧光粉的外玻璃壳内。（图 2-16）

高压汞灯仅有中等的光效及显色性，主要应用于室外照明及某些工矿企业的室内照明。汞灯发出的光倾向于蓝色，接近于自然界中月光的颜色，在室外景观中常用于高处下射，创造月光照明的效果，常用于室外植物照明。缺点是光效相对较低，发光颜色单调，使用范围较窄。

（5）金属卤化物灯

金属卤化物灯是高强度气体放电灯中最复杂的，这种灯的光辐射是通过激发金属原子产生的，金属元素是以金属卤化物的形式引入的，能发出具有很好显色性的白光。放电管由石英或陶瓷制成，与高压钠灯相似，放电管装在玻璃泡壳或长管形石英泡壳内（图 2-17）。这种灯应用广泛，可以应用在需要高的发光效率（约

图 2-16-1 高压汞灯外观

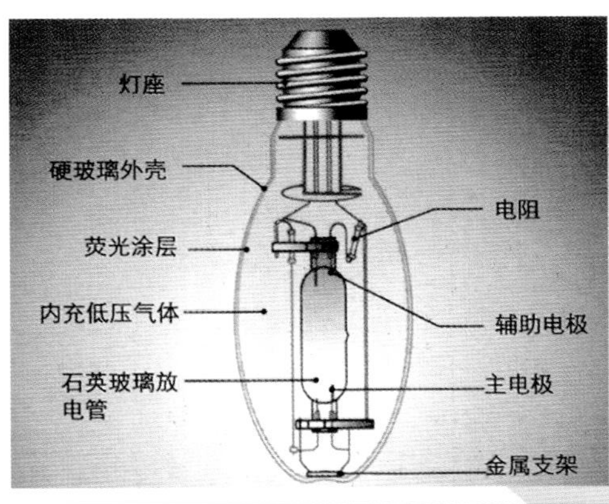

图 2-16-1 高压汞灯结构图

100lm/w)、高品质白光的所有场合。室外景观中的典型应用包括上射照明、下射照明等多种情况。紧凑型金属卤化物灯在需要精确控光的场合尤其适宜，同时因为光谱的原因，它也是最能促进植物生长的光源。

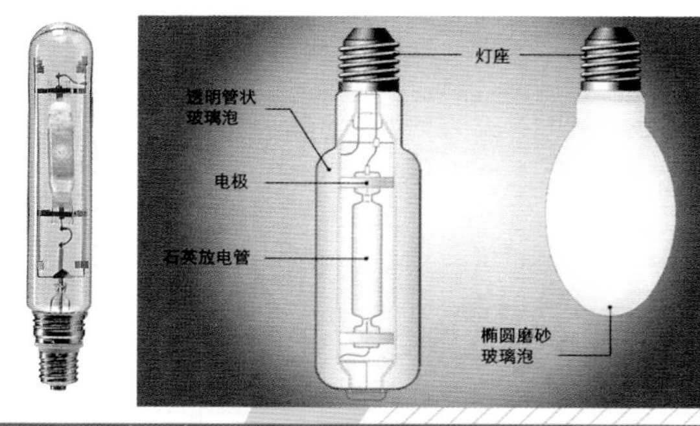

图 2-17 金属卤化物灯及结构图

（6）冷阴极管（包括霓虹灯）——辉光放电光源

这种发光管原理类似于荧光灯，但是它在更高的电压（通常在 9000 ～ 15000V 之间）下运行，并且光效更低。这种光源的优点是能够任意塑形，在尺寸和形状上具有灵活性，能源耗费较低。它的另一特性是能产生各种强烈鲜明的色彩，取决于管中使用的气体、管壁内侧的磷涂层以及管壁玻璃的颜色（图 2-18）。这种灯必须总是保持封闭，以防止腐蚀和低温的影响，同时要保护人们免受其高压影响。这种灯主要应用于景观中的装饰目的：用于标识牌、光雕塑、建筑物的轮廓照明及其他特殊用途。它的变压器通常体积大、噪声高，所以放置的位置需要仔细考虑。

目前，低压霓虹灯（1000V）也具有了优良的色彩性能。每支灯管可以通过调光装置产生不同颜色（开与关之间的逐级变化）。通过 RGB3 支灯管的色彩混合可以创造更丰富的颜色以每支灯管 32 级调光为例，RGB 三管组合可以创造 32768 种颜色。

（7）感应灯（QL）

感应灯也就是无极气体放电灯（也称无极荧光灯）。这种灯所需要的能量是通过高频场耦合到放电中的，变压器的次级线圈就能产生有效的放电。感应灯是紧凑型荧光灯的“升级版”。工作频率在几个兆赫之内，并且需要特殊的驱动和控制灯

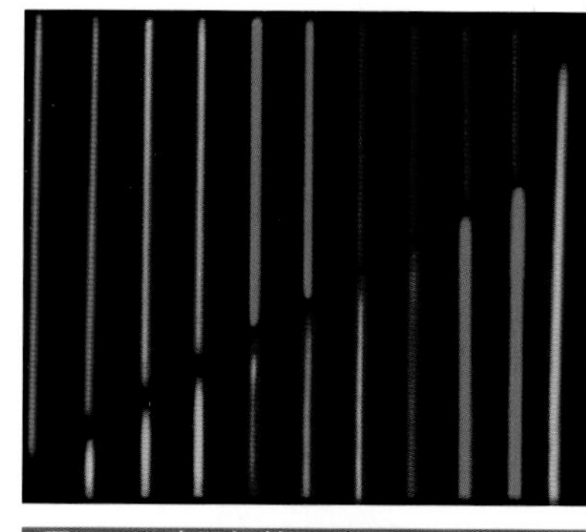
图 2-18 冷阴极管

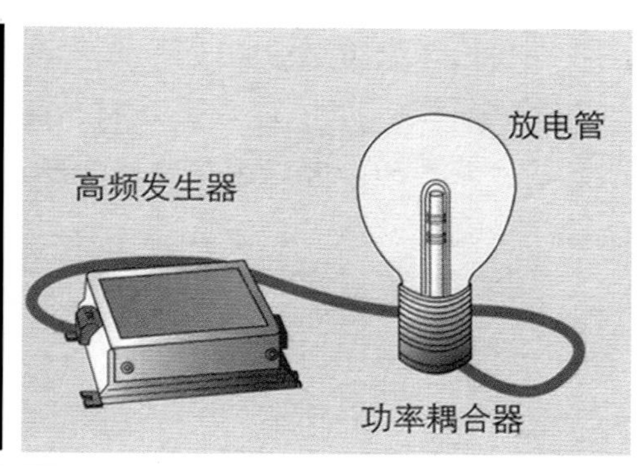

图 2-19 无极感应灯及结构图

点燃的电子线路装置，没有频闪，能瞬时启动和再启动（时间都小于 0.1s）。无极荧光灯因不带电极，消除了荧光灯寿命的制约因素，因此寿命是紧凑型荧光灯的 5 ～ 10 倍，如飞利浦的 QL 灯的寿命达到 60000 小时以上。小功率无极灯是紧凑型荧光灯的替代品，而 100 瓦以上大功率无极荧光灯特别适用于维护和换灯很困难的一些场合，如隧道的照明。（图 2-19）

3、发光二极管（LED）

发光二极管是一种固态的半导体器件，它的发光原理属于场致发光。LED 有红、绿、蓝、黄、琥珀色等多种颜色，也有不同结构组成的白光 LED。LED 发展的终极目标是大功率高亮度白光 LED，作为替代传统光源的新一代光源。LED 可以概括为一块小型晶片封装在环氧树脂里，所以体积小、重量轻。一般有两种类型的 LED：其一是铟镓氮（InGaN）：绿色、青色、蓝色和白色；其二是铝铟镓磷（AlInGaP）：红色、橙色和琥珀色。（图 2-20）

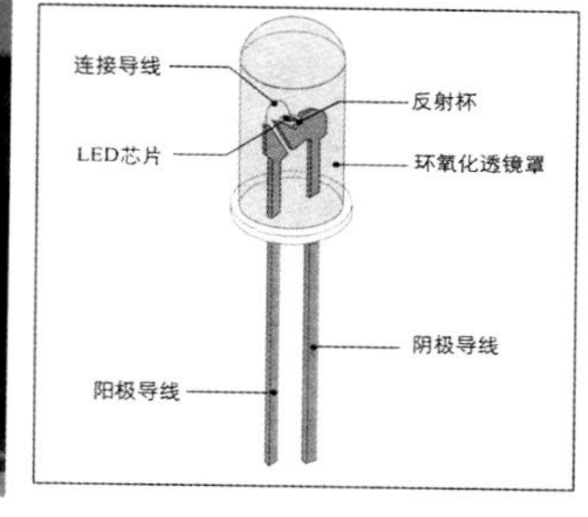

图 2-20 LED 灯

（1）LED 的优点：①超长寿命，在合适电压及电流下，理论寿命可达 10 万小时。

②高节能，直流驱动，超低功耗（单管 0.03-0.06W），可安全触摸；电光功率转换接近 100%，比传统光源节能 80% 以上。LED 的光效目前可超 100lm / w，且仍有上升空间。

③高纯度、多变幻光色：LED 可利用红、绿、蓝三基色原理，在计算机控制下任意混合 16777216 种颜色，形成不同光色的组合，提供丰富多样的动态变化效果和图案，且眩光小。

④绿色环保：属于冷光源，光源中不含紫外线和红外线，没有热量和辐射，LED 由无毒材料构成，不会对环境造成污染，可以回收再利用。

（2）LED 的缺点：①单个 LED 功率低，大功率 LED 价格昂贵。

②显色指数低，非连续光谱，显色性不及白炽灯。而高显色性 LED 目前实际上是 LED 激发荧光粉发光，应称为 LED 荧光灯。

③易产生光斑：白色 LED 本身制造工艺上的缺陷，加上反射杯或透镜的配合误差，易造成“黄圈”。

LED被广泛应用于显示屏、指示灯、标识牌、光雕塑等，LED美耐灯也基本取代了传统美耐灯，在10瓦以下小功率光源领域，LED具有不可替代的优势。室外景观的LED投光照明灯具、庭院灯、路灯也比较常见，但100瓦以上LED灯具目前由于其散热难度增大，优势不如金卤灯、高压钠灯和无极灯明显。其用于室内替代传统光源的趋势也十分明显，但由于其光质量一般，不适用于依靠视觉工作环境，如台灯。

表2-3 常用照明电光源的主要特性比较

光源种类	普通白炽灯	卤钨灯	荧光灯	高压钠灯	高压汞灯	金属卤化物灯	LED灯
额定功率范围（W）	10～100	500～2000	6～125	250～400	50～1000	400～1000	0.05～
光 效*①（lm/W）	10～15	20～25	70～90	100～150	50～60	75～95	80～140
平均寿命（h）	1000	1500	2000～3000	3000	2500～5000	10000	50000
一般显色指数（Ra）	100	100	70～85	20～45	30～40	65～92	75～90
启动稳定时间	瞬时	瞬时	1～3s	4～8min	4～8min	4～8min	瞬时
再启动时间	瞬时	瞬时	瞬时	10～20min	5～10min	10～15min	瞬时
频闪效应	不明显	不明显	不明显	明显	明显	明显	无
电压变化对光通的影响	大	大	较大	大	较大	较大	较大
环境温度对光通的影响	小	小	大	较小	较小	较小	较小
耐振性能	较差	差	较好	较好	好	好	好
所需附件	无	无	镇流器 启辉器	镇流器	镇流器	镇流器 触发器	无

*①光效为不含镇流器损耗时的数据。

4、光导纤维照明系统

光纤照明系统由光源、反光镜、滤色片及光纤组成。当光源通过反光镜后，形成一束近似平行的光束，由于滤色片的作用，使该束光变成彩色光，并随光纤达到预定地点。光纤光源常用150-250W高亮度光源，以克服光束在传播中的损耗，光纤的传送距离一般为30米左右最佳。光纤有单股、多股和网状构成，分为“端发光”和“线发光”两种发光形式，前者是光束传到端点后，通过尾灯进行照明；而后者本身就是发光体，形成一根发光的线。（图2-21）

（1）光纤照明的优点和适用场所

①无紫外、红外（光源位置可在被照场所）：适用于美术馆、博物馆、化妆品；

②无电磁、无电火花：适用于火灾、爆炸危险场所、喷水池；

③可变色、可闪烁：适用于城市夜景照明、庭院美化、装饰、广告；

④发光点微型、灵活、可拆卸再装，适用于展示、广告、拼图、满天星、桥上、扶手、栏杆；

（2）光纤照明的缺点：价格较高。

图 2-21 光纤

三、光源选择与应用

1、光源的几项物理指标

（1）光通量——按光谱光视效率函数加权的辐射通量，表征光源的发光能力，以流明（lm）表示。能否达到额定光通量是考核光源质量的首要评判标准。

（2）光效——光源发出的光通量与它消耗的电功率之比，单位为 lm/W。白光的理论最高光效为 250lm/W。

（3）寿命——光源的寿命以小时计，通常有两种指标：

①有效寿命——光源在使用过程中光通量逐渐衰减。从开始使用至光通量衰减到初始额定光通量的某一百分比（通常是 70%～80%）所经过的点燃时数叫有效寿命。超过有效寿命的光源继续使用就不经济了。白炽灯、荧光灯多采用有效寿命指标。

②平均寿命——一组试验样灯从点燃到 50%的灯失效（50%保持完好）所经历的时间，称为这批灯的平均寿命。高强放电灯常用平均寿命指标。

（4）一般显色指数——光源显色性能的定量指标，以 Ra 表示，是推荐的 8 种样品的特殊显色指数的平均值。

光源的这些基本特性是评判其质量与确定其合理使用范围的依据。

2、光源选择

（1）光源选用原则

①更高光效（lm/W），达到更好的节能、环保效果；

②合适的色温，并满足场所使用对显色性的要求；

③较稳定的发光：包括限制电压的波动和偏移造成的光通变化，和电源交变导

致的频闪，最好能直接在标准电源上使用；

④良好的启动特性，接通电源后立即燃亮；

⑤使用寿命更长，光通衰减少；

⑥性能价格比好。

（2）光源选用常识

①无特殊要求，应尽量选用高光效的气体放电灯，当使用白炽灯时，功率不应超过 100W。

②较低矮房间（4m ～ 4.5m 以下）宜用荧光灯，更高的场所宜用 HID 灯。

③荧光灯以直管灯为主，直管荧光灯光效更高，寿命长，质量较稳定；需要时（如装饰）可用单端和自镇流荧光灯（紧凑型）。

④用 HID 灯应选用金卤灯、高压钠灯，汞灯属于淘汰产品。金卤灯以较好的显色性和光谱特性，比高压钠灯更优越，在多数场所，具有更佳视觉效果。

⑤陶瓷内管金卤灯比石英管金卤灯具有更高光效（高 20%），更耐高温，显色性更好（Ra 达 82 ～ 85），光谱较连续，色温稳定，有隔紫外线效果。

⑥脉冲启动型金卤灯，比普通金卤灯提高光效 15% ～ 20%，延长寿命 50%，改善了光通维持率，配电感镇流器和触发器即可启动。

⑦直管荧光灯的管径趋向小型，有利于提高光效，节省了制灯材料，特别是降低了汞和荧光粉用量，从 T12 到 T8 到 T5，当前主要目标是用 T5 取代 T8、T12，进一步再用 T2；管径小使 Ra 更高（Ra ≥ 85），光效提高，光衰小，寿命更长，更符合节能、环保要求。

⑧紧凑型荧光灯将被无极灯取代。由于无极灯光谱接近白炽灯，是台灯的最佳光源。由于无极灯超长寿命、优良显色性和大功率的可实现性，非常适合用于隧道、工矿照明。

⑨ LED 作为第四代光源，在 10 瓦以下小功率光源光替代传统光源，在景观照明、装饰照明或舞台照明中有独特优势。但在台灯、路灯及其它专业照明领域目前优势则不明显。

第三节 | 灯具与照明装置

一、室外灯具主要类型与特征

室外灯具由于应用于户外，必须考虑抵抗各种不利环境影响，需严格防水、防尘、防紫外线、防撞、防震、防腐蚀；同时在功能上又要具备高效率的发光能力、优越的控光能力、便于拆装检修的机械构造、良好的散热性能和防漏电功能，因此室外灯具对专业技术有更高的要求。设计优良的室外照明灯具往往涉及到金属材料、非金属材料技术、光学技术、机械技术、光源技术、电气技术及工业设计等多个领域的专业技术的支撑。室外灯具从不同使用功能和安装方式上分为装饰性为主的灯具和以功能性为主的灯具。装饰性的灯具主要在造型上传承如石灯、灯笼、宫灯等原始造型，与景观风格相协调，以利于白天的观赏；功能性的灯具往往呈现简洁现代的设计造型，更注重照明的视觉效果，通常隐藏在人们视线以外，这里主要指照射各种景观元素的投光灯、埋地灯和水下灯等。此外单独设置的杆式灯具或视野中必然触及的室外灯具，必须既重视灯具外观与环境景观融合，又要重视功能上的合理性，“造型”与“照明”两者兼顾。

1、杆式照明灯具（图 2-22）

（1）高杆灯

一般是在 15—45 米高的灯杆上悬挂成组大瓦数气体放电灯具，对大面积场所提供整体的水平照明，其优点是照度均匀，眩光效应降低。主要适用高速路、机场、海港、货运码头、商业广场、运动场、工厂厂区、停车场等场所。

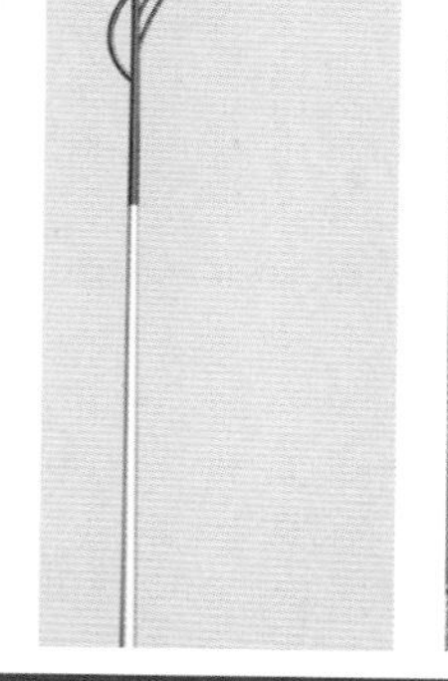

图 2-22 杆式照明灯具

（2）路灯

路灯主要高度在 6—12 米，由灯头和灯杆两部分组成，路灯常使用的光源为高压钠灯、高压汞灯和金卤灯，目前 LED 也开始使用。根据车行道宽度和灯杆高度等空间几何关系，调整灯头的仰角，可调整为0°、3°、6°，改变配光效果。

（3）步道灯（庭院灯）

步道灯（庭院灯）高度通常在2～6m之间，主要用于人行步道和庭院的照明。此类灯具分别由灯杆、灯罩、光源、控光部件（反射器）、控制装置等组成。步道灯的光源包括紧凑型荧光灯、高压钠灯、金卤灯、电磁灯、LED等。按照灯具的光照方式和光通在上下空间的分布，可将该类灯具分为漫射型、直接型、间接型和方向型（原理同室内灯具）。步道灯主要应用于广场、公园、住宅小区等户外开放空间，为人群活动提供一定的水平照度和垂直照度。

（4）矮柱灯

矮柱灯是指高度在1．2m以下，为路面提供低位照明、警示和空间限定的灯具，矮柱灯的造型较为丰富，既有简洁的几何造型，也有豆芽状、蘑菇状等仿生造型。出光方式多为侧向出光。矮柱灯应用于人行道、步行街、广场、公园、住宅小区等户外开放空间，为步行空间提供较低的水平照度和垂直照度，也可安装于花卉或灌木丛中，点缀植物景观。

2、投光灯

投光灯的体形大小各异，有用于照射桥梁的大型投光灯，直径近米，功率可达2000w；也有用于照射古建檐口、瓦当的LED投光灯，直径3cm左右，功率1w的小型射灯。投光灯一般由下列部件组成：灯体、电器箱盖板、玻璃、支架、螺栓螺钉、玻璃固定件、反光器、光源、电器、附件框。通过对灯具增加防眩光格栅、反光板、遮光罩以及色片等附件，可以有效地控制出光；也可增加保护网，防止玻璃遭受撞击。多数光源都可用于投光照明，如白炽灯、紧凑型荧光灯、金卤灯、高压钠灯、LED等。（图2-23）

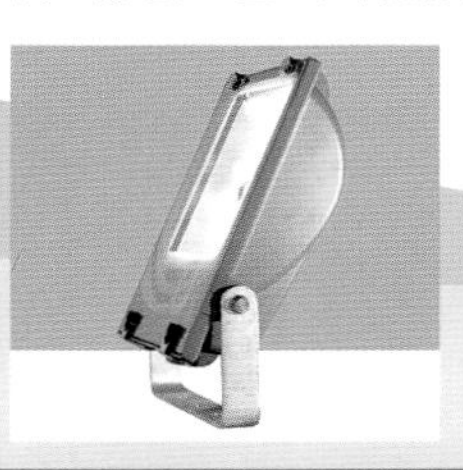

图2-23 投光灯

用于照射广场、运动场地、草坪和树丛等大范围景物的宽光束投光灯，多为方形出光口。玻璃框同灯体轴挂在一起，松开固定卡件，即可打开前窗，更换光源。

窄光束投光灯，多为圆形出光口。通过安装不同类型的反射器和折射器，可以产生窄配光、中配光、中宽配光、宽配光的出光形式，可以是对称型或非对称型。

此类投光灯多在支架上配有瞄准器，便于瞄准投光目标。

用于局部照明的小型投光灯，能够细致刻画景观元素。

3、嵌入式（埋地／嵌墙）灯具

（1）埋地灯

部分埋地灯是用于投光照明的大型灯具，配有反射罩，可调节出光方向，配备各种可替换的彩色滤光镜、防眩光格栅和光学透镜，可提供多种照明效果，满足不同的应用需求；一些起到小型投光作用，光源为卤钨灯、金卤灯或节能灯，可以用于照射墙壁、雕塑、树木、灌木、花篱、地面等（图 2-24）；另外一些起装饰和警示作用，灯具体形小巧，平面造型各异，光源以 LED 等小型冷光源为主，灯具表面温度低，可以用于广场铺地，起引导作用，也可用于水边等有高差的位置，起边界警示作用。

埋地灯要求很高的防护等级，一般要达到 IP67；要有很高的抗撞击强度；因为裸露在地面上，还要有很高的耐压强度，负重应达到 1000 ～ 5000kg；玻璃表面温度低于 75℃为宜；埋地灯的棱镜材料还需要有良好的抗紫外性能。两种类型的埋地灯正得到广泛的应用：①完全封闭型，灯具宽且浅，将所需孔洞深度减至最低，用于由浓密的土壤和岩石组成的土质。无论是位于草坪中间向上照射树木，还是用于由矮小植物组成的环境，直埋式灯具均能良好地工作。②预埋筒型，要确保预埋筒下有 300mm 用于排水的沙砾层，或在灯具下部垫上深度不少于 300mm 的粗碎石，进线电缆采用防水缩头。这种方式宽度减小，但深度增加，应具有足够的排水能力。在排水能力不好的土壤中，草坪下的埋地灯必须包含水平和垂直的排水系统。

埋地灯的缺陷是调节角度的能力差。通常的可调节范围是 0°～ 15°，部分新产品可以调节至 35°。

（2）嵌墙灯

嵌墙灯由灯体、预埋件、光源 3 部分组成，方形或圆形外观，光源多为白炽

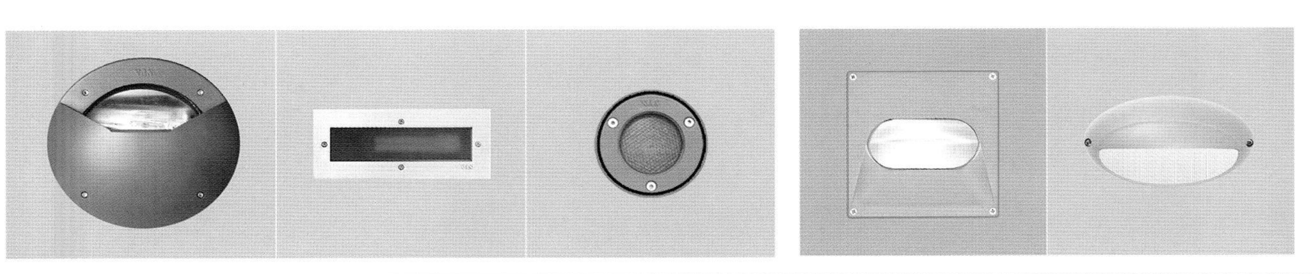

图 2-24 埋地灯

图 2-25 嵌墙灯

灯、高压钠灯、金卤灯及节能灯。相对埋地灯而言，嵌墙灯对防水、抗压等要求降低，因而具有更多的形式和灵活性，适用于走廊、通道、阶梯、庭园等低位功能性照明使用（图 2-25）。

图 2-26 水下灯

为了提高光效，避免对行人造成眩光干扰，嵌墙灯往往配备防眩光格栅，部分嵌墙灯采用间接照明方式。光线直接射到地面，将杂散光最小化，提高照明效率。

与建筑同步施工时，可直接把藏墙箱预埋于墙壁内；对于已施工的要在墙壁上开洞固定藏墙箱，配安装螺钉并每边配 2 个出线孔，通过螺钉将灯体固定到预埋件上。嵌墙灯的防护等级在 IP65 左右，抗撞强度大于 5J。

4、水下灯

通常称为水下投光灯，因其在性能和构造上不同于普通的投光灯。由于安置在水中，灯具应具有很高的防水性能、绝缘性能以及防腐蚀能力。因此，水下灯各部件之间无缝连接形成整体，结构非常紧密。水下灯可以用来投照喷泉、池岸及水中构筑物，一般体形较小，可附加各种颜色的滤色片，形成五彩斑斓的水景。（图 2-26）

照明设计师需要关注白天水体中的灯具位置是否理想，如果破坏了水景的视觉效果，为装置提供一个隐藏起来的空间更为可取。固定的水下灯通常用来在物体（比如水池中的踏步石）下部发光，当装置不被隐藏时，需要考虑眩光问题。

图 2-27 装饰型灯具

5、直接安装的装饰型灯具

主要有壁装式、悬挂式、支架式三种。

壁装式灯具通常用于快车道或步行道的入口，建筑物外墙面和大门入口处，出光方式也因控光技术的变革而灵活多变，可以单向出光、上下出光以及四向出光，光斑形式多样。特别应注意眩光问题。（图 2-27）

悬挂式灯具类似于中国传统的灯笼，可在门头、挑檐、廊架等处悬挂使用。

支架式灯具有两种形式，一种是灯体直接安装于墙头、柱顶；一种是用矮的托架支撑灯体，可直接安置于地面，或放置在矮墙与平台之上。

二、室内照明灯具类型及特征

照明灯具习惯以安装方式命名、分类，如吊灯、吸顶灯、嵌入式暗藏灯、壁灯、台灯、落地灯等。这种分类方法没有反映照明灯具光分布的特点，对光环境设计未尽实用。CIE 推荐以照明灯具光通量在上下空间的比例进行分类的方法，已为国际照明界普遍接受。

1、室内照明灯具的分类（CIE 建议分类）

按照这一方法，将室内照明灯具分为 5 类：①直接型；②半直接型；③全漫射型，其中包括水平方向光线很少的直接一间接型；④半间接型；⑤间接型。各类灯具的光通分配比例见表 2-4。

表 2-4　不同各类灯具的光通分配比例一览表

类型		直接型	半直接型	均匀扩散型	半间接型	间接型
光强分布	上半球	0 ～ 10%	10% ～ 40%	40% ～ 60%	60% ～ 90%	90% ～ 100%
	下半球	100% ～ 90%	90% ～ 60%	60% ～ 40%	40% ～ 10%	10% ～ 0
特点		光线集中，工作面上可获得充分照度	光线能集中在工作面上，空间也能得到适当照度。比直接型眩光小	空间各个方向光强基本一致，可达到无眩光	增加了反射光的作用，使光线比较均匀柔和	扩散性好光线柔和均匀。避免了眩光，但光的利用率低
示意图						

（1）直接型

由直接照明灯具产生向下的光分布，其中 90% ～ 100% 的光通量到达假定的工作面上，人们可以看到照明灯具的光源以及光的分布。

（2）半直接型

由间接照明灯具产生向上的光分布，由半透明材料制成的灯罩罩住光源上部，60%-90% 以上的光线使之集中射向工作面，10% ～ 40% 被罩光线又经半透明灯罩扩散而向上漫射，其光线比较柔和。人们看不到光源，但是可以看到光的分布，光线的分布在上下两个空间中，实质上，墙体间接成为灯具的反射器，光线经过墙面漫反射，扩大光的分布范围。这种灯具常用于较低房间的一般照明。

（3）均匀扩散型

是利用灯具的折射功能来控制眩光，将光线向四周扩散漫散，灯具产生的均匀扩散光分布，可避免眩光。

这种照明灯具有两种形式，一种是光线从灯罩上口射出经平顶反射，两侧从半透明灯罩扩散，下部从格栅扩散。另一种是用半透明灯罩把光线全部封闭而产生漫射。这类照明光线性能柔和，视觉舒适，适于卧室。

（4）半间接型

由半直接照明灯具产生的向下光分布，把半透明的灯罩装在光源下部，60% 以上的光线射向平顶，形成间接光源，10% ～ 40% 部分光线经灯罩向下扩散。这种灯具照明可产生比较特殊的照明效果，使较低矮的房间有增高的感觉。也适用于住宅中的小空间部分，如门厅、过道、服饰店等。

（5）间接型

将光源遮蔽而产生的向上光分布，其中 90% ～ 100% 的光通量通过天棚或墙面反射作用于工作面，10% 以下的光线则直接照射工作面。

通常有两种处理方法，一是将不透明的灯罩装在灯泡的下部，光线射向平顶或其他物体上反射成间接光线；一种是把灯泡设在灯槽内，光线从平顶反射到室内成间接光线。商场、服饰店、会议室等场所，一般作为环境照明使用或提高背景亮度。

2、按安装进行的灯具分类（图 2-28）

（1）顶棚悬吊型灯具

灯具通过吊杆与顶棚相连，吊灯适合于客厅或大厅，安装高度最低点应离地面不小于 2.2 米，利于创造室内空间视觉中心。吊灯的花样最多，常用的有欧式烛台吊灯、水晶吊灯、中式吊灯、时尚吊灯等。可分单头吊灯和多头吊灯两种。

图 2-28 各类室内灯具

①欧式烛台吊灯

欧洲古典风格的吊灯，灵感来自古时人们的烛台照明方式，那时人们都是在悬挂的铁艺上放置数根蜡烛。如今很多吊灯设计成这种款式，只不过将蜡烛改成了灯泡，但灯泡和灯座还是蜡烛和烛台的样子。

②水晶吊灯

大多由仿水晶制成，但仿水晶所使用的材质不同，质量优良的水晶灯由高科技材料制成。

③中式吊灯

外形古典的中式吊灯，常配有中式图案，明亮利落。

④时尚吊灯

具有现代设计感的吊灯，款式众多。

（2）吸顶型灯具

灯具直接与顶棚相连，可直接装在天花板上，安装简易，款式简单大方，赋予空间清朗明快的感觉。适用于空间比较低矮的客厅、卧室、厨房、卫生间等处照明。

（3）壁灯

直接安装于墙面上，起到突出空间的重要性和装饰作用。常用的有双头壁灯、单头壁灯、镜前壁灯等。壁灯的安装高度，其灯泡应离地面不小于 1.8 米。特别注意灯具的外观和防止眩光。

（4）嵌入式灯具

①顶棚嵌入——筒灯

筒灯一般装设在卧室、客厅、卫生间的周边天棚上。这种嵌装于天花板内部的隐置性灯具，所有光线都向下投射，属于直接配光。可以用不同的反射器、镜片、百叶窗、灯泡，来取得不同的光线效果。筒灯不占据空间，可增加空间的柔和气氛，如果想营造温馨的感觉，可试着装设多盏筒灯，减轻空间压迫感。

②墙地嵌入灯具

镶嵌与墙面或地面，一般灯具尺寸薄，且光线柔和，避免产生眩光。如地脚灯等。

（5）射灯

射灯可安置在吊顶四周或家具上部，也可置于墙内、墙裙或踢脚线里。光线直接照射在需要强调的照明对象上，以突出主观审美作用，达到重点突出、层次丰富的艺术效果。射灯光线柔和，既可对整体照明起主导作用，又可局部采光，烘托气氛。射灯分低压、高压两种，此外，还有轨道式射灯可安装在通电的槽沟内，在轨道上调节位置和角度。

（6）落地灯

落地灯常用作局部照明，常放在沙发拐角处，强调移动的便利，对于角落气氛的营造十分实用。落地灯的采光方式若是直接向下投射，适合阅读等需要精神集中的活动，若是间接照明，可以调整整体的光线变化。落地灯的灯罩下边应离地面 1.8 米以上。

（7）台灯

台灯按材质分陶灯、木灯、铁艺灯、铜灯等，按功能分护眼台灯、装饰台灯、工作台灯等，按光源分灯泡、插拔灯管、灯珠台灯等。一般客厅、卧室等用装饰台灯，工作台、学习台用节能护眼台灯。

三、灯具应用技术特性

1、灯具的构造

构成灯具的主要部件有光源、控制装置、反射器等，组成不同光学特性的灯具，满足人们的不同需求。

（1）光源：是灯具最基本部分，如各种灯泡和灯管。

（2）控制光线分布的光学元件，如各种反射器、透镜、遮光器和滤镜等。

（3）固定灯泡并提供电器连接的电器部件，如灯座、镇流器等。

（4）用于支撑和安装灯具的机械部件等。

2、灯具附件（图 2–29）

灯具的附件对于灯具性能有不同方式的改变。

（1）棱镜（光学玻璃）

具有色散和折射的功能，可以分离光谱和改变光线传播方向，能够收缩或扩大光束角，或将光束偏向某个方向。

椭圆光束透镜

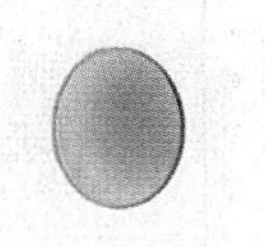

漫射玻璃

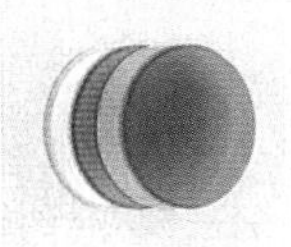

彩色滤镜

遮光罩

单片定向片

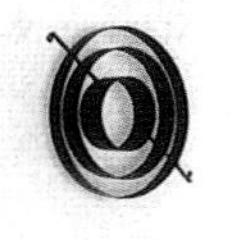

环形栅格

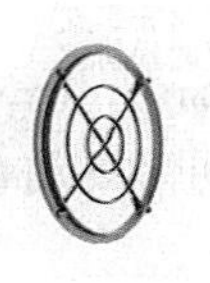

防护格栅条

地面锚固板

附件连接索

图 2–29 各种灯具附件

（2）格栅

大功率光源的表面亮度较高，为了避免眩光，需在灯具出光口增加防眩光格栅，并起到提高光效的作用。很多灯具品牌附加环形格栅、十字形格栅或蜂窝式格栅等，提供 45° 或 60° 的遮光角。

（3）保护网

用于室外景观照明的部分投光灯需要设置于地面，安装保护网可以有效地防止撞击和灯具被盗。保护网可以用铁箅保护网封盖，也可直接用铁笼封装灯具，但外观受到影响。

（4）遮光板（罩）

遮光板（罩）的作用是截住不需要的光线，避免造成光污染或光干扰。遮光板一般具有灵活可调节的性能。遮光罩的样式有所不同，有半围合型或围合型。

（5）滤色镜

通常有蓝、红、黄、绿等多种颜色可供选择，矮柱灯、投光灯、水下灯、嵌入式灯具等都可配备滤色片，提供设计所需的彩色光效果。在很多案例中照明设计师希望改变光色。两种最基本的彩色滤镜材质是玻璃和聚酯。对于多数白炽光源和 HID 灯来说，热量是不可避免的，玻璃滤镜通常因其耐久性而被广泛使用，而聚酯滤镜会发生褪色、变黄等现象，甚至会燃烧或干裂成小片。对于荧光灯等冷光源，聚酯滤镜就足够了，因为其发热量相对较小。两类玻璃滤镜应用较为广泛：二相色玻璃透过一种颜色，反射所有其他颜色，滤出的颜色较为纯净；艺术玻璃适用于广阔的颜色范围，但需要热处理，当边长超过 5 英寸（12cm）时，需要安装于框架中，避免由于膨胀和收缩而发生碎裂。色彩修正棱镜可以提高光源色温（用于白炽光源，产生近似月光的光色）或降低光源色温。

（6）反射板（罩）

反射板（罩）的工作原理是根据反射定律，改变光线传输方向，将光线反射到指定的作业面上。反射板（罩）有镜面反射和漫反射分，镜面反射可将光线反射到指定的角度，漫反射可实现柔光效果。材料的反射系数差异较大，应尽量选择反射系数高的材料，以减少光损失。

（7）镇流器

镇流器实质上是将低频交流电压转换为高频交流电压的电源变换器，为负载提供稳定电流，改善光源光色，提高光源使用寿命。目前多使用电子镇流器，采用高频开关电能变换技术，体积可以做得很小。随着信息技术发展而出现的数码镇流器，令照明达到无限组合效果。

（8）变压器

这里专指用于照明装置的小型变压器，其功能为将市电转换为低压以适应照明装置的需要，并且稳定电压。部分室外景观灯具适用于 12V 或 24V 低压工作环境，可以降低能耗和提高安全。

（9）接线盒

当灯具接触建筑物或植物时，需要设置接线盒，解决连接的各种技术问题。所有市电灯具要求设置接线盒，应尽量隐藏于结构之中。低压灯具需要尺寸小一些的接线盒。灯具安装在灌木丛中时，灯具应该比接线盒本身高些。地下接线盒令外观更为整洁。

（10）连接杆

连接杆由铝和 PVC 制成。灯具通常需要提高，要求连接杆高度可灵活调节。

3、灯具与光线的控制

（1）对配光曲线的认识

光源和照明灯具在空间各个方向的发光强度不一样，用数字和图形表示一个灯具或光源发射出的光在空间中的分布情况，就形成配光曲线。配光曲线通常以光通量为 1000lm 的假想光源提供光强分布，以便不同的照明灯具进行光分布特征比较。（图 2-30）

配光曲线从它的对称性质来说可以分为：轴向对称、对称和非对称三种。

①轴向对称

轴向对称又被称为旋转对称，指各个方向上的配光曲线都是基本对称的，一般

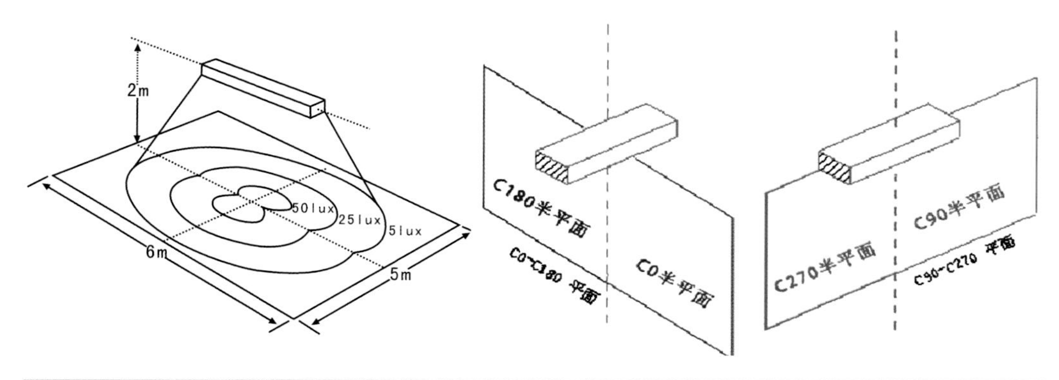

图 2-30 荧光灯等照度曲线　　图 2-31 配光曲线的剖面

的筒灯、工矿灯都是这样的配光。通过极坐标配光曲线表示。

②对称：当灯具C0°和C180°剖面配光对称（T = C0° -180°，一般被定义为垂直于灯管长边方向的剖面），同时C90°和C270°剖面配光对称时（A = C90° -270°，一般被定义为平行于灯管长边方向的剖面），这样的配光曲线称为对称配光，如荧光灯管。（图2-31）

③非对称：就是指C0° -180°和C90° -270°任意一个剖面配光不对称的情况。

（2）配光曲线的表示方法

配光曲线一般有三种表示方法：一是极坐标法，二是直角坐标法，三是等光强曲线。

①极坐标配光曲线

在通过光源中心的测光平面上，测出灯具在不同角度的光强值。从某一方向起，以角度为函数，将各角度的光强用矢量标注出来，连接矢量顶端的连接就是照明灯具极坐标配光曲线（图2-32）。如果灯具是有旋转对称轴，则只需用通过轴线的一个测光面上的光强分布曲线就能说明其光强在空间的分布，如果灯具在空间的光分布是不对称的，则需要若干测光平面的光强分布曲线才能说明其光强的空间分布状况。

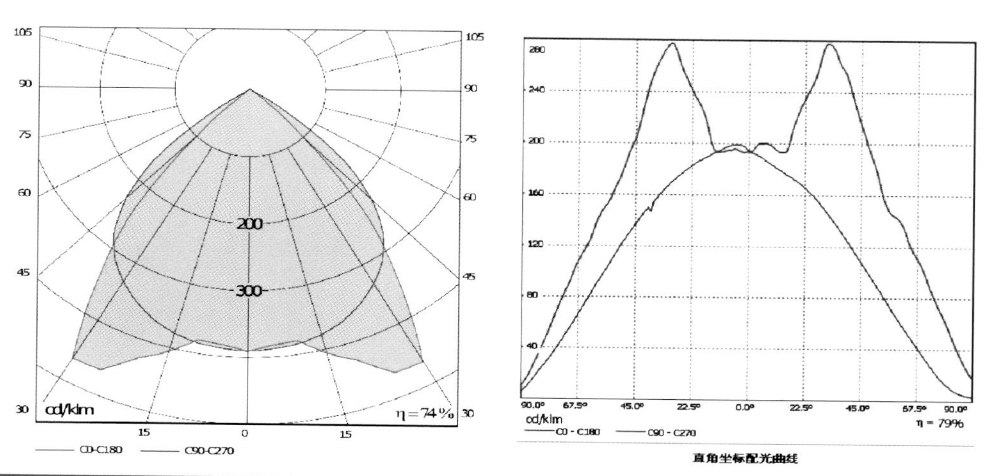

图2-32 极坐标配光曲线　　图2-33 直角坐标配光曲线

②直角坐标配光曲线

对于聚光型灯具，由于光束集中在十分狭小的空间立体角内，很难用极坐标来表达其光强度的空间分布状况，就采用直角从配光曲线表示法，以竖轴表示光强，以横轴表示光束的投角，如果是具有对称旋转轴的灯具则只需一条配光曲线来表

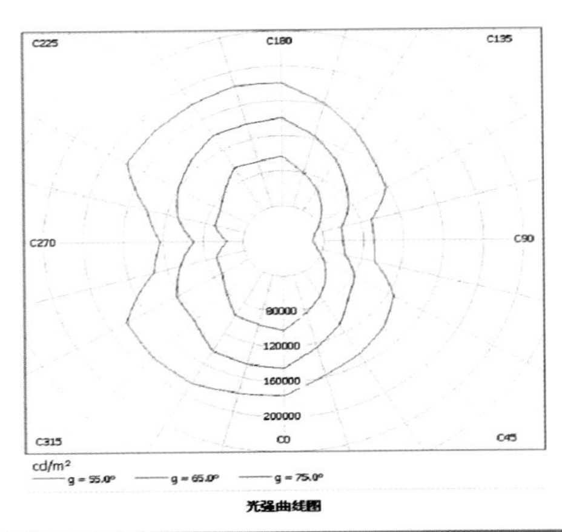

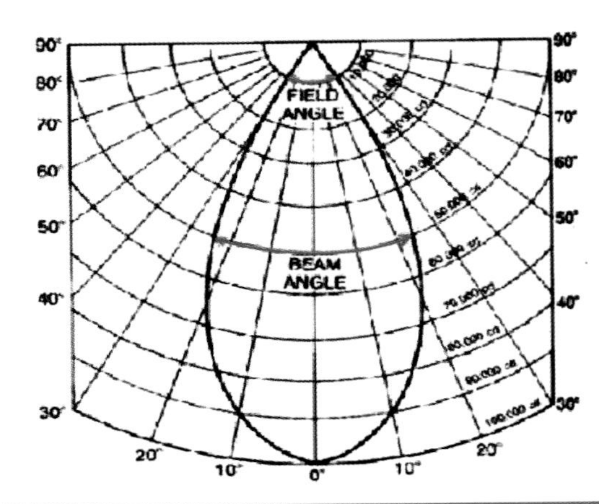

图 2-34 光强曲线图　　图 2-35 光束角示意图

示，如果是不对称灯具则需多条配光曲线表示。（图 2-33）

③光强曲线图

将光强相等的矢量顶端连接起来的曲线称为等光强曲线，将相邻等光强曲线的值按一定比例排列，画出一系列的等光强曲线所组成的图称为等到光强图，常用的图有圆形网图，矩形网图与正弧网图。（图 2-34）

（3）灯具光线控制

光束角：按照国际照明委员会（CIE）规定，指于垂直光束中心线之一平面上，光度等于 50% 最大光度之两方向的夹角（图 2-35）。投光类灯具还可以根据其光束的宽窄分为：窄光束；宽光束；中等光束等。

一般来说：窄光束：光束角 <20° 中等光束：光束角：20° ～ 40° 宽光束：光束角：>40°

对灯具光线的控制，通常有四种不同的方式，需要考虑光源的遮蔽，以避免直接看到光源，但同时不影响满足特定要求的光分。

①通过反射器控制光线。光源发出的光经灯具上的反射器反射后投射到目标方向，反射器是利用反射原理重新分配光通量的配件，早期使用玻璃作为反射材料，为提高发光效能，先采用镀铝或镀铬的塑料。反射器的形式多种多样，可分为球面反射器、抛物面反射器等等。

②通过透镜来控制光线。是利用光的折射原理重新分配光源光通量的元件。现代灯具中常用的透镜有平凸镜、平凹镜、菲涅尔透镜和棱镜透镜。

③通过遮光器来控制光线。遮光器有嵌入式与外接式两种，嵌入式遮光器与

灯具为一体，基本构造类似于栅栏格，格子越密，保护角越大，有效光线的损失也越大。

④使用滤镜，滤镜分三种，变色滤镜可以控制光的颜色，使用镀膜彩色玻璃或耐高温塑料制成；保护滤镜则可以减少光线中的红外线与紫外线辐射带来的伤害；投影滤镜安装雕刻镂空图案的金属薄片对光线进行遮挡，从而可以投出各种图案。在同一个灯具上，可根据照明效果的需要安装不同功能的滤镜，达到预期设计的光效。

3、灯具的安全使用

（1）防触电保护等级

为了电器安全，灯具所有带电部分必须采用绝缘材料等加以隔离。灯具的这种保护人身安全的措施称为防触电保护。根据不同要求，灯具可分为0，Ⅰ，Ⅱ和Ⅲ四个防护等级。

①0类

保护依赖基本绝缘－在易触及的部分及外壳和带电体间的绝缘。适用安全程度高的场合，且灯具安装、维护方便。如空气干燥、尘埃少、木地板等条件下的吊灯、吸顶灯

②Ⅰ类

除基本绝缘外，易触及的部分及外壳有接地装置，一旦基本绝缘失效时，不致有危险用于金属外壳灯具，如投光灯、路灯、庭院灯等，提高安全程度。

③Ⅱ类

除基本绝缘，还有补充绝缘，做成双重绝缘或加强绝缘，提高安全性绝缘性好，安全程度高，适用于环境差、人经常触摸的灯具，如台灯、手提灯等

④Ⅲ类

采用特低安全高压（交流有效值<50V），且灯内不会产生高于36VD的低电压。灯具安全程度最高，用于恶劣环境，如机床工作灯、儿童用灯等。

从电气安全角度看，0类灯具的安全程度最低，Ⅰ、Ⅱ类较高，Ⅲ类最高。有些国家已不允许生产0类灯具，在使用条件或使用方法恶劣场所应使用Ⅲ类灯具，一般情况下可采用Ⅰ类或Ⅱ类灯具。

（2）防护等级

防护等级是指将灯具依其防尘、防止外物侵入、防水、防湿气之特性加以分级

保护。这里所指的外物包含工具、人的手指等均不可接触到灯具内之带电部分，以免触电。

防护等级 IP（International Protection 的缩写）编码由二位组成，IP 编码第一位数字为防固体异物进入的等级，第二位数字为防水进入的等级。

如：IP65：第一个数字表示灯具防尘、 防止外物侵入的等级；第二个数字表示灯具防湿气、防水侵入的密闭程度。数字越大，表示其防护等级越高。

表 2-6　IP 编码第一位数字所表示的防护等级和选型表

第一位特征数字	防护等级简短说明	适用灯具
0	无防护	适通灯具
1	防≥ 50mm 的固体异物	防固体异物灯具
2	防≥ 12.5mm 的固体异物	防固体异物灯具
3	防≥ 2.5mm 的固体异物	防固体异物灯具
4	防≥ 1mm 的固体异物	防固体异物灯具
5	防尘	室外投光灯、防尘灯
6	尘密	室外投光灯、尘密型灯具

表 2-7　IP 编码第二位数字所表示的防护等级和选型表

第一位特征数字	防护等级简短说明	适用灯具
0	无防护	普通灯具
1	防滴	防滴水灯具
2	150 防滴	防滴水灯具
3	防淋水	防淋水灯具
4	防溅水	防溅水灯具
5	防喷水	防喷水灯具
6	防海浪或强力喷水	海岸边防水灯具
7	防浸水	水密型灯具
8	防潜水	水下灯具

灯具中积聚的热量也是一个需要考虑的重要问题。如果灯具过小，它将不足以为灯具提供散热。灯泡周围增长的温度将缩短灯泡寿命，影响镇流器、变压器的寿命，破坏电线。当温度过高时，棱镜等材料可能出现褪色、开裂或燃烧。

第三章　城市光环境规划与设计

第一节　城市照明规划

一、城市照明规划主要任务

城市照明规划包括对功能照明和景观照明的规划。城市功能照明以满足市民夜间出行安全为目的，根据相关规范标准达到市民夜间生活基本视觉需求的亮度、照度和均匀度等，主要是涉及照明技术方面的问题；而景观照明则是提炼城市夜景观构成的各要素，“引导和控制”城市夜景照明发展形成完整的城市夜景观体系。因此在城市照明规划中，景观照明更多建立在人们对城市夜间形象的视觉感受上，“哪里该亮，哪里不该亮”是最不易确定和把握的，这也是城市照明规划的重点内容。城市夜景照明规划应确定城市主要夜景观整体形象，从空间上解决城市夜景点、线、面之间的相关关系及照明技术控制要求等。

1、研究城市特色，确定城市夜景的形象特征。

城市照明塑造城市夜间形象。城市夜间形象一般是建立在城市白天景观基础上的，是城市景观第二生命的体现。因此城市夜景照明规划必须仔细梳理城市宝贵的景观元素和城市发展肌理。每一座城市在历史的发展过程中，都有自己显著的特点，如北京的故宫、皇家园林，上海的万国建筑博览，杭州的西湖等。在城市夜景规划过程中，抓住城市的特点就抓住了城市夜景照明规划的灵魂。因此城市照明规划应根据城市的自然条件、功能定位、发展方向等作为前置基础，充分挖掘城市景

图 3-1 城市界面夜景形象

观特色，打造城市夜间形象。（图 3-1）

2、提炼城市夜景表现对象，引导并强化城市夜景格局。

城市夜景照明规划应以构成夜景观的空间要素为基础，诸如开放空间、滨水界面、景观视廊、商业街区、城市地标等都是构成城市夜晚景观的主要元素。

（1）首先考虑城市大的地形地势的变化与建筑空间的关系，城市照明将强化城市建筑与地形的相互关系（图 3-2）。对已形成基于自然地形的良好城市夜晚天际轮廓线，夜景照明立足于丰富与完善，美好的城市天际轮廓线建立在自然条件因素与建筑物完美结合的基础上，城市夜晚天际轮廓线应比白天更具有艺术感染力；而对于已形成的不理想的城市天际轮廓线，可以通过照明技术手段对其进行二次改造。

（2）在夜晚，山体不仅仅是城市光环境的底景，它还能丰富城市天际轮廓线。如杭州“三面云山，一面城”的城市格局中宝石山在夜景规划中得以强化（图 3-3）。但是在对城市自然山体进行夜景观利用时，要综合考虑生态保护，尽量不对自然环境中动植物造成影响。

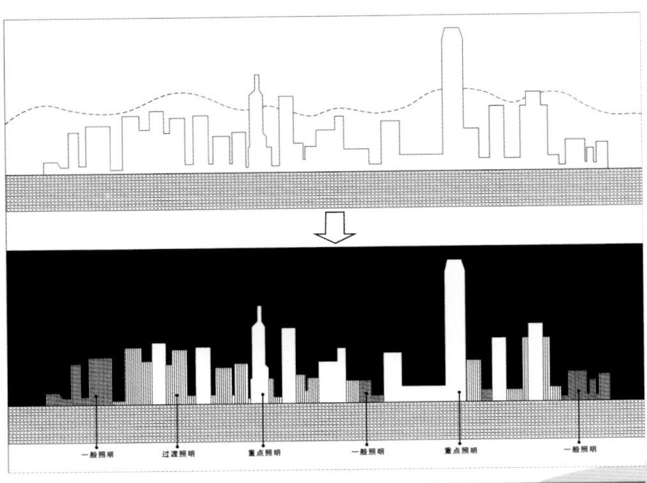

图 3-2 城市建筑与地形的关系

（3）城市地标、重要建构筑物等都是夜景照明的主要载体，区分与周边环境的关系，既协调又分出主次，运用灯光精心刻画，进而表现其结构性、文化性、艺术

图 3-3 杭州宝石山天际线夜景

性和标志性，强化城市独特的夜景形象。（图 3-4）

3、策划夜游线路组织，盘活城市夜景。

（1）夜景视点

城市总体夜景观的形成需要为人们提供良好的视点，使人们有机会去体验城市总体夜景观的艺术美。视点的可选定范围很广，可以提供高视点的有飞机、高空缆车、山顶高层建筑、电视塔等，而在城市边缘、滨水地带、汽车、轮船、火车、街道、绿地、广场可为人们提供远观视点。

图 3-4 城市地标与夜景形象

（2）游线组织

夜间游线组织尽可能串接重点照明区域或夜景视点，如标志性特色景观区、商业步行街、城市中心商务区、重要滨水景观界面等。夜游线路可分为陆路和水路两种形式。陆路主要沿公路、城市道路、高架到达著名景点或广场、商场等，观赏城市建筑物或眺望城市夜景或城市天际轮廓线。对于山水城市，可选择合适的视点，登高俯瞰夜景。水路是以沿滨水两岸的自然风光与人文景观作为游览重点，而游船本身也成为水面上一道“移动的风景”。线路的组织应综合考虑交通工具、道路条件、时间往返、景点安排等各种因素，同时考虑经济效应和社会效益。

二、城市夜景空间结构

夜间，人的方向感、视觉灵敏度降低，人对城市的主观感受比白天更为强烈，所以城市夜环境结构脉络应清晰，个性突出，并能为不同层次、不同个性的人所共同接受。意象和认知地图是一种为市民提供参与设计的独特途径。意象（Image）一词原是一心理学术语，用以表达人与环境相互作用的一种组织，是一种经由体验而认识的外部现实的心智内化。而意象的心理合成则构成了“认知地图”（cognitive Map）。美国城市设计大师林奇把认知地图和意象概念运用于城市空间形态的分析和设计，并认识到城市空间结构不只是凭客观物质形象和标准，而是要凭人的主观感受来判定。城市夜景照明规划与设计应本着整体性、层次感、突出重点等原则，从

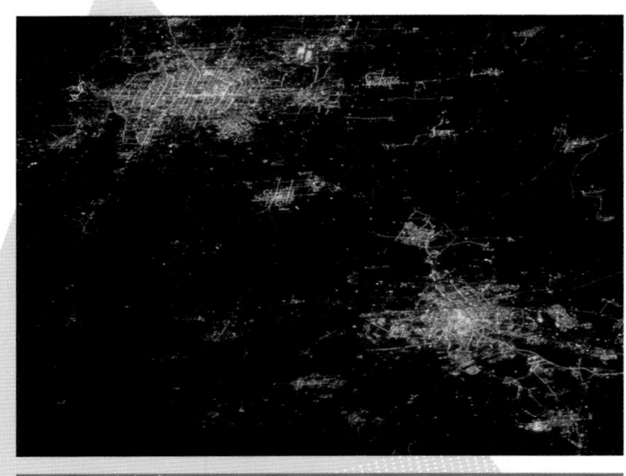
图 3-5 城市夜景认知图

以下四个方面体现城市夜景的认知地图。（图 3-5）

①突出反映城市文化特色；

②烘托城市空间结构特征；

③明晰城市轮廓；

④确立景观照明的点、线、面系统。

城市夜景空间结构由城市夜景点、线、面组成。点，即节点；线，即街道、河道等；面，即区域。点—线—面分析法是一种综合、整体的分析方法，它以城市空间结构中的“线”作为基本分析变量，形成从“线”到“域面”的分析逻辑。

1、点

（1）“点”的类型

点是城市夜景观中最活跃因子，它可以是城市的一个标志物，也可以是城市的广场、商业中心或者城市中的历史建筑（群）。“点”带有强烈的形象性与特色性，最能反映出一个城市的面貌，并成为这个区域的象征（图 3-6）。作为构成认知地图的基本组成单元——“点”，归纳起来有以下几类：

①市民夜晚经常光顾的地方，如火车站、码头、广场、公园；

②形象突出，有特色的街道或建筑物、构筑物，如河（湖、海）滨街、教堂、

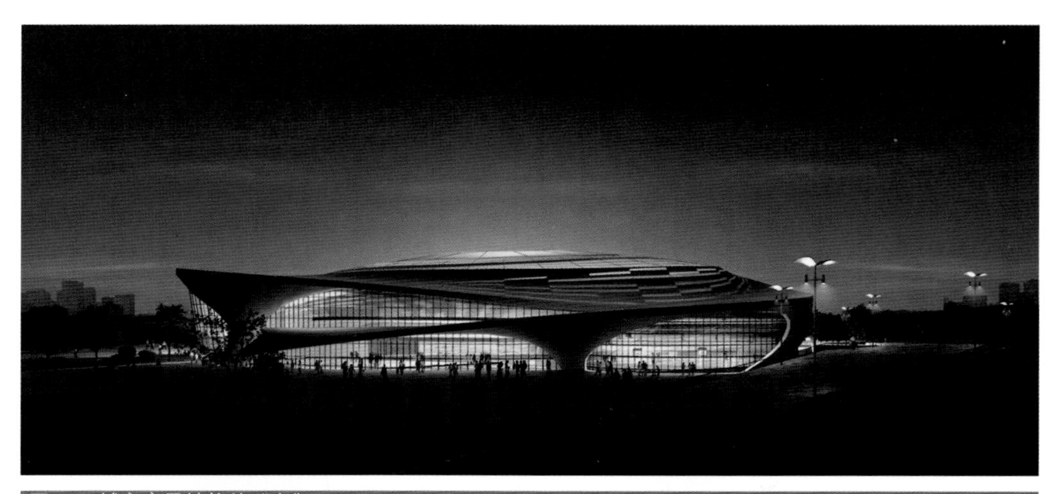
图 3-6 城市夜景结构的“点”

纪念碑、电视塔等；

③历史悠久的古迹，如各种古塔、古楼或古街等；

④规模大的建筑物、构筑物，如立交桥、桥梁、体育馆、高层建筑等。

其中每一个“点”都可以作为一个核心，把其周围较一般的因素聚拢在一起，构成一个节点极核。这些节点根据知名度高低和公众熟悉的程度排列出一个顺序：几乎人人知道的点——大部分人熟悉的点——部分人知道的点，这个序列正形成了城市夜间节点主次关系。

（2）“点”的照明设计

根据不同节点等级确定照明主次的序列等级。城市标志性建筑（构筑物）、单栋历史建筑、重要雕塑往往是城市或一定区域内的地标、视觉焦点和视觉走廊的对景，在夜间，灯光效果的处理不仅使其呈现出不同于白天的瑰丽胜景，使其标志性地位得以放大，而且使人们对于城市意向有着更清晰的认识。这些点在设计时应采用对比与谐调的手法，依托其本身的造型特点，使之凸现在夜色或周围城市环境中。

2、线

（1）“线”的构成

城市是一个多功能综合体，由各个方向的街道、河道纵横交织，相互连通城市不同的点和区域。从一个景观节点到下一个景观节点的观赏路线就是视觉走廊，也就是城市“点”的链接单元———“线”。城市夜景观的“线”，主要包括各种类别的街道和河道水系两类载体。以交通网络为主的线性体系构成城市夜景观的基础网络，它们是城市生命的动脉，也是城市夜景观的重要视廊。（图 3-7）

图 3-7 城市夜景结构的“线”

（2）“线”的照明设计

①街道

选择商业氛围浓郁或建筑形态较好的景观街道、对外主要交通联系道路等作为城市主要的夜景观视廊。从街道的整体属性、定位以及街道公共空间、街道天际轮廓线、建筑风格等出发，确定不同街道在城市夜景格局的功能和作用，提出街道整体夜景风格和亮度、照度以及灯具选型等建议，对下阶段建筑灯光设计提供指导。

对空间开阔疏朗的现代商业街区、景观大道等，应注意建筑群体的空间组合，以确定建筑空间的主次关系，使得街景既有各自独立的构图，又相互协调融为一体。

对于人流密集、历史文化氛围浓厚的历史街区，要充分挖掘历史人文积淀，通过构图、用光、用色尽可能完美地表现。

②河道水体

在被规则几何形充斥的城市中，水体是最抒情的自由线形。要使城市的夜空间活起来，有必要强化河道水体的表现力。除了利用先进的照明技术对河道水体及周围地区进行光的渲染，相应地开展夜间水上活动，会使城市的夜晚“因水而得佳景，因人而得生气”。（图 3-8）

3、面

城市的“面”应从三维概念上理解，从平面上，是各“点”由“线”连接，构成网络，形成了“面”——功能景观区，比如城市重要商业区、商圈、旅游区等；从垂直面上，还有一个表现城市景观的面，即“城市界面”或称“城市天际轮廓线”。

功能景观区的划定要结合城市的功能区域划分和交通系统。各功能景观区在突出表现城市统一特色的同时，根据各自交通、功能等条件，在景观节点、照明方式的设计组织上尽量创造出自身的特色，力求城市夜景观在统一中求变化，避免“千城一面”的城市特色危机在夜晚中再现。（图 3-9）

城市天际轮廓线是展示城市形象形成夜景意向的重要景观面，美好的城市天际轮廓线应比白天更有效果，更具有艺术感染力，也是城市夜景更多魅力所在。

图 3-8 香港维多利亚港夜景

图 3-9 城市夜景结构的“面”

三、城市照明规划框架内容

城市照明规划是在城市总体规划指导下的一个专项规划，是指导城市照明建设和管理的法定性文件，也是实施城市照明建设和管理的基本依据。城市夜景照明规划在研读城市总体规划的基础上，充分研究城市的自然、经济、社会和文化条件等因素，确定城市照明的发展方向以及合理的照明系统空间布局等。

1、明确规划范围和发展目标

依据城市城市总体规划，明确城市照明发展战略、目标和方向，确定夜景形象定位和风格。

2、照明分区及定位

城市照明可按照城市不同功能区，如中央商务区、居住区、工业区等，结合夜景照明需要进行夜景照明分区，分别确定各区的照明定位、亮度控制等。

3、夜景照明系统构成及设计要求

按照点—线一面分析法，分析城市夜空间中各节点、标志物、历史性建筑或高大建筑物在城市开放空间中形成的各种影响线，进行物质层面诸线的分析，探寻该域面的夜空间形态特点、结构形成及问题所在。确定城市夜间整体轮廓线和空间结构控制以及点、线、面等各夜景构成的具体设计要求。

4、照明对象分类及照明技术要求

依据道路、桥梁、隧道、步行空间光环境、建筑及构筑物外观照明对象等，按照不同对象提出照明技术标准，包括照度、亮度、光色、照明方式等。

5、照明分级与控制

按平日、一般节假日、重大节日等时间段进行照明分级和开灯时间控制设计。并统筹考虑特殊景观照明和临时彩灯设置。

6、夜游组织

夜景游线线路应按照水陆游览方式，对不同景观视廊和不同景观节点进行策划和组织，“串珠成链”。

7、城市照明分期建设

包括建设时序、近期照明建设安排、规划实施措施保障等。

第二节 | 城市街道光环境设计

街道光环境需考虑功能性照明和景观性照明两个方面。街道功能性照明是最基础的，即保证交通安全、加强交通引导性、提高环境舒适度和可见度。景观性照明则是通过两侧建筑照明设计以及街道灯具色彩、形式等综合考虑，烘托环境氛围，提升空间品质。在通行量大，且步行道与车行道并置的街区，用改变灯光光色的方法，可以明确区分两种不同性质的道路。（图 3-10）

图 3-10 城市道路照明

一、城市道路照明设计要求

1、道路等级对照明的要求

光源与灯具的选用是根据道路的等级来确定的。道路照明应选择为道路照明而设计的专业灯具，路灯的配光有别于其他照明灯具，因此决不能使用非道路照明灯具进行简单的组合用于道路照明。否则，会造成空间的照度普遍过高，而路面的亮度很低，或是过亮的灯头造成严重的眩光。

国际照明委员会（CIE）把城市道路分为五类，见表 3-1。

表 3-1 CIE 对城市道路的分类

道路种类	交通类型	道路状况	举例
M1	机动车辆	有中央隔离带，无平面交叉，在规定地点出入	高速公路、快速路
M2		机动车专用，与行人和低速交通工具隔开	主干线
M3	机动车用人车混用	重要的人、车混用道路	主要环道、射线
M4	人车混用	市内，特别是商业中心内的道路	区级道路、次要街道
M5	人车混用	住宅区道及上述 A ~ D 型连接的道路	住宅区道路

在我国的城市道路交通规划中，根据城市道路的性质、断面形式、路幅宽度、机动车和非机动车流量，城市道路按四级划分：

（1）快速路（城市环线、高架），红线宽度一般为 40m 以上，对向车道设有中间带以隔离对向交通；

（2）主干道（全市性干道），红线宽度一般为 36 ～ 45m；

（3）次干道（区干道），红线宽度一般为 25 ～ 40m；

（4）支路（街坊道路），红线宽度一般为 12 ～ 15m。

表 3-2 CIE 对城市道路照明的推荐值

照明等级	Lave	Uo	UL	TI	SR
M1	2.0	0.4	0.7	10	0.5
M2	1.5	0.4	0.7	10	0.5
M3	1.0	0.4	0.5	10	0.5
M4	0.75	0.4	—	15	—
M5	0.5	0.4	—	15	—

注：-Lave：平均亮度（AverageLumen）

-Uo：整体均匀度（OverallUniformity）

-UL：径向均匀度（LongitudinalUniformity）

-TI：阈值增量（ThresholdIncrement）

-SR：环境系数（SurroundRatio）

2、常规城市道路照明方式

（1）杆灯照明

杆灯照明是应用最广泛的一种照明方式。

不同等级的道路交叉口对应不同的布灯方式及灯具高度。

杆灯照明方式有良好的视觉诱导性，这对于有许多曲线和交叉口道路尤其重要，灯具布置如能紧密地按道路的走向排列，会增强视觉引导。常规道路照明所采用的灯具按其配光分成截光型、半截光型和非截光型灯具。（图 3-11）

截光型灯具：最大光强方向在 0° ～ 65°，其 90° 和 80° 角度方向上的光强最大允许值分别为 10cd/1000lm 和 30cd/1000lm 的灯具。

半截光型灯具：最大光强方向在 0°～75°，其 90°和 80°角度方向上的光强最大允许值分别为 50cd/100lm 和 100cd/1000lm 的灯具。

非截光型灯具：其在 90°角方向上的光强最大允许值为 1000cd 的灯具。

机动车道主要采用功能性灯具，快速路、主干路需采用截光型灯具；次干路、支路采用半截光型灯具。商业街、居住区道路、非机动车道可采用装饰性和功能性相结合的步道灯（庭院灯）灯具。（图 3-12）

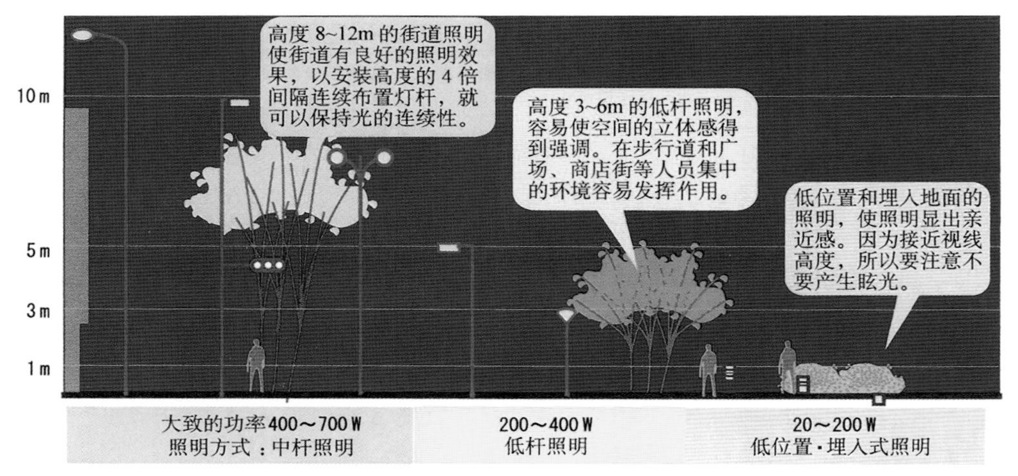

图 3-12 不同高度街道照明

（2）高杆灯照明

高杆灯照明指一组灯具安装在 15～40m 高度的灯杆上进行大面积照明的一种照明方式。与常规照明相比较，高杆灯照明由于使用了大功率的光源，可以提高被照面的照度和均匀度，路面和周围环境的亮度比得以改善，眩光也可以大大减弱，以创造类似白天的城市空间效果，其最显著的优点是改善了驾驶员的视感觉。但是

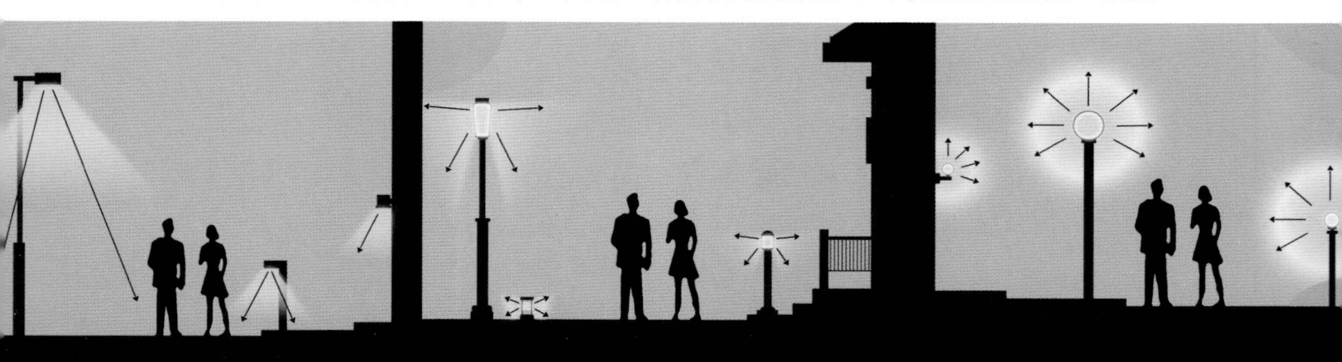
图 3-11 截光型、半截光、非截光示意

由于高杆灯照明是纯粹功能性照明，且一次性投资较多，仅适用于城市立体交叉、汇合点、停车场、广场等较大面积照明场所。

（3）悬索照明

这种照明方式仅用于有隔离带的道路，灯杆间距一般为 50 ～ 80m。高度在 25 ～ 40m，有很好的视觉诱导性。悬索照明打破了常规的灯具排列方式，链式缆绳的有规则曲线轮廓打破了道路单一的线型，有助于丰富道路的立体景观。但是悬索照明在一般条件下的投资费用较高，使它的应用极为有限。

3、道路照明的布灯方式及设计要求

（1）杆灯道路照明布灯方式及设计要求

常规杆灯道路照明的布灯方式有以下几种（图 3-13）。

①单侧布置

所有灯具均位于道路的一侧。采用这种布置方式时，远离灯具一侧路面的亮度通常比靠近灯具一侧的路面亮度低。因此，为了确保路面照度和均匀度达标，单侧布置方式只能在安装高度近似等于或大于道路有效宽度时方采用（有效宽度是灯具和远侧路缘之间的水平距离）。单侧布置适用于“一块板”支路级道路。

②交错布置

灯具以“之”字形交替布置在道路两侧。要使灯具的安装高度至少等于有效路面宽度的 2/3。但灯具的“之”字形布置有时会使驾驶员对道路走向产生混乱的视觉印象，所以比较少用。

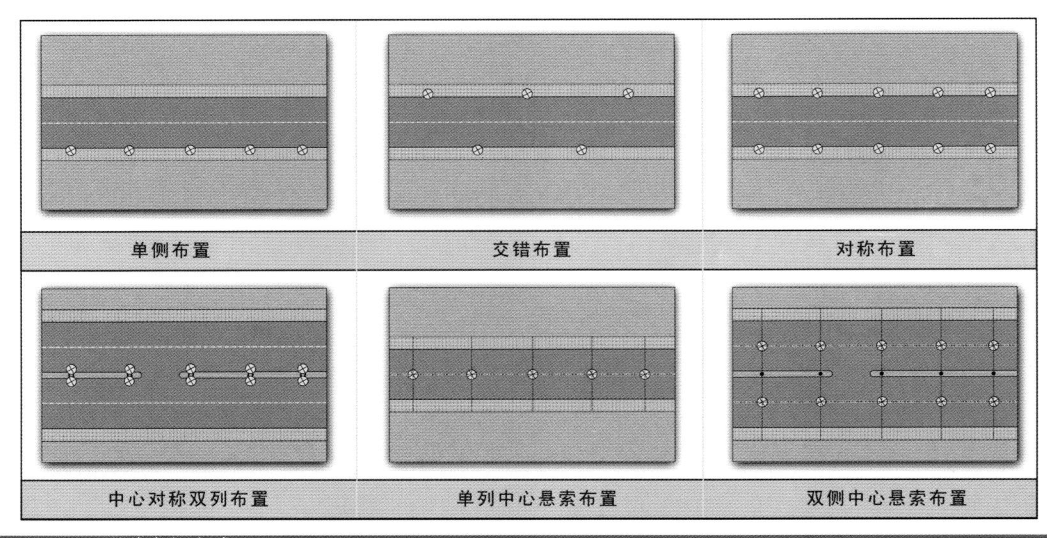

图 3-13 道路布灯方式

③对称布置

灯具成对设置在道路两侧，主要在安装高度小于有效道路宽度 2/3 时使用。对平均布置适用于主、次干道和支路，适用于“一块板”和“三块板”型道路。

④中心对称布置

灯具安装在中间分隔带中心的灯杆上，常在“两块板”的路幅上使用，有中心对称双列和中心单列布置。灯具安装高度应等于或大于单向道路有效宽度。距离灯具最远的非机动车道上的路面亮度，通常要比机动车道上的路面亮度低，但中心对称布置可得到很好的视觉诱导性。

⑤横向悬索式布置

把灯具悬挂在横跨道路上空的钢索上，可为双侧对称悬索布置或单侧中心悬索布置。灯具的主垂直对称面与道路轴线成直角，使大部分光沿着道路纵向而不是横向投射出去。这种布置通常在满布建筑物区域中的狭窄道路、无法在路侧埋设照明灯杆时使用。另外，在路侧树木茂密，容易遮挡光线的地方，宜采用这种布置方式。

表 3–3　不同类型路灯安装高度、间距推荐表

布灯方式	配光种类					
	截光性		半截光性		非截光性	
	安装高度 H	间距 S	安装高度 H	间距 S	安装高度 H	间距 S
单侧布置	H ≥ Weff	S ≤ 3H	H ≥ 1.2 Weff	S ≤ 3.5H	H ≥ 1.4 Weff	S ≤ 4H
双侧布置	H ≥ 0.7Weff	S ≤ 3H	H ≥ 0.8 Weff	S ≤ 3.5H	H ≥ 0.9 Weff	S ≤ 4H
对称布置	H ≥ 0.5Weff	S ≤ 3H	H ≥ 0.6 Weff	S ≤ 3.5H	H ≥ 0.7 Weff	S ≤ 4H

注 :Weff 为路面有效宽度（m）

（2）高杆照明布灯方式及设计要求

对于大面积的场地照明，通常使用高杆照明。一般来说，沿着城市道路及高速路的照明灯杆高度都在 15m 以下。但是在一些场合，灯杆的高度会超过 20m。例如，宽阔道路、立体交叉口和道路交叉口、广场、户外停车区域。

典型的高杆灯具一般由 3 ～ 6 组灯具沿环状布置，整个高杆灯具可以采用机械装置降低放在地面上，进行维护。高杆照明的灯具需使用截光的形式，以免产生过度的逸散光。高杆灯架上的灯具配置方式有三种，即平面对称式、径向对称式和非

对称式。

平面对称式是将灯具对称布置在垂直对称面的水平面上，适用于宽阔的道路。径向对称式是将灯具沿径向对称地布置，主要用于大面积的广场、转盘和紧凑简单的立交照明。非对称式，其灯具的布置针对某个特定的区域，适用于大型、多层、复杂的立交。

4、道路交叉口及曲线路段照明设计（图 3-14）

（1）交叉路口

交叉路口处的照度水平应高于通向路口的各个道路照度水平，具体可以在路口增加专门的灯具或加密路灯布置。为了识别交叉路口，可以利用光色的变化、灯具选型的不同、灯具安装高度或安装方式的改变等方法实现。大型交叉路口可以通过

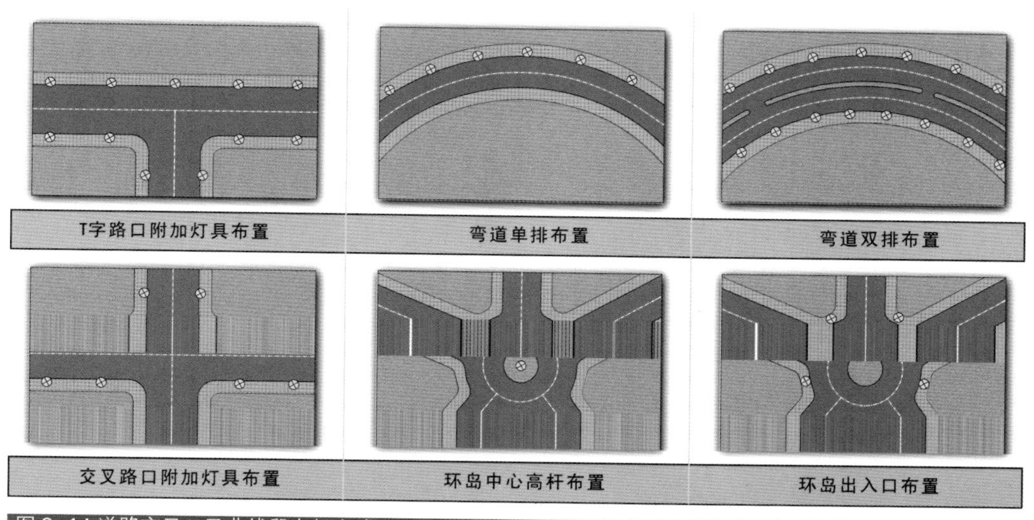

图 3-14 道路交叉口及曲线段布灯方式

另外设置景观照明的灯具或高杆照明方式，以提高大面积的照度水平。

（2）十字路口

十字路口的布灯原则是在离路口 15m 处应设置路灯，其作用是照亮路口。同时在同一侧的车行方向设置路灯，将前进方向照亮。

（3）T 形路口

T 形路口路灯设置应避免与信号灯位置冲突，道路尽端应特别设置路灯，不仅有效照亮三角地带，也使驾驶者容易辨认路口和转弯。

（4）环岛

环岛的路灯布置应以提高环岛的照明均匀度为主要原则，避免阴暗角落，使得

道路缘石、各道路交口清晰容易识别。灯具一般沿环岛靠外侧设置。直径较大的环岛可以设置专用的高杆照明。

（5）曲线路段

转弯半径大于1000m时可以按直线路段处理；转弯半径小于1000m的曲线路段，灯具沿弯道外侧要减少灯具间距，一般为直线段的50%～75%，悬挑长度应缩短，以避免转弯处的灯具布置在直线段的延长线上。

二、商业街光环境规划设计

商业照明是城市夜景照明的主体之一，灯光环境决定了观看者感知场所的方式。商业街照明除了功能照明等技术标准上的确定，更多应考虑商业氛围与城市景观价值的营造，把路灯、商店橱窗、广告灯光、建筑灯光、环境灯光等相互通融整体考虑，以呈现有价值的商业街光环境。

1、商业街夜景环境特点

商业街夜景设计之前应首先考虑作为使用对象的街道在夜晚都会有哪些使用方式或活动。商业街的夜景设计要以街道上经常聚集的众多行人为前提，人是街道夜景观的主要角色，应根据人们的活动需要怎么样的夜间照明环境氛围来考虑街道景观的照明设计，并注重照明灯光尺度化、层次化。

（1）人的行为对商业街照明的要求

商业街区具有非常多样性的个人活动：购物、人际交流、休息、等候、观望、用餐、看报、思考等。

①购物行为与商家有直接的联系，为了推销自己的商品，商家会想出各种吸人眼球的广告照明、装饰彩灯，故需对商业广告设置进行管理。

②人们不希望彼此的脸被街灯照得惨白、铁青，足够亮度的、温暖的侧向发出的灯光会使交流更愉快。

③人们总希望能在暗处看别人，而不是在亮处被来往的人观看。所以，休息、等候、观望之处不需要被照得很亮，但是它的周围应有适当的灯光，以示它的安全性。

④注意人们与朋友倾谈的心理，人的寻找边靠的习惯，并最好与水岸、花丛、绿篱结合。

⑤在夜晚，直接坐在灯光下并不令人感到十分愉快。直接照射来的强烈灯光会使人紧张。

图 3-15 欢快活泼的照明环境

图 3-16 娱乐型照明环境

（2）商业街照明的氛围特点

①具有欢快活泼的照明环境氛围特点

这种环境往往具有商店橱窗照明、彩色商店标志、明亮的广告牌以及按一定间距沿路设置的街灯。灯光多彩多样，温和地照亮人们的面孔，并沿着街道的两侧排列成行。动态的发光标志以自己的方式保持个性，规则布置的街灯则让人心安。在地面上和摊位上，阴影的边界明确，人们也总能掌控这些阴影的出现和消失，给人们一种没有烦扰的轻松。（图 3-15）

②具有娱乐性照明环境氛围特点

娱乐环境是最刻意设计的环境，由大范围的光照构成。即利用建筑物和立面为媒介，以吸引行人的注意为目的，因为行人都是潜在的消费者。娱乐性照明环境意在激发一种“即时反应”和“梦醒时分”的氛围，类似于一种催眠状态并且通过声响和动作予以加强，所有这些都是为了让观众和游客忘记时间——同时忘记花了多少钱。这种环境内有巨大的多彩多姿的、动感十足的照明设计，构成了令游客沉迷其中的视觉奇观。（图 3-16）

③具有节庆性照明环境特点

节日庆典、新年祝贺、露天集市和狂欢节，这些都是节庆性的环境。其照明环境由绚烂的照明空间构成，具有显眼的随意、多彩的动

图 3-17 节日性照明环境

感灯光，多种灯具制造了这种照明效果，但它们之间没有明显的联系。节庆照明通常是带有闪光效果的动态照明，灯光闪耀，有时甚至带有侵略性。人的面孔被光围绕着，影子变得苍白和毫不起眼，人们感觉像是在化妆桌上的镜子被灯光围绕着。（图 3-17）

2、商业街夜景构成要素

商业街区夜景观由灯具、橱窗、广告灯箱、霓虹灯、沿街建筑物及街道小品设施综合构成。恰如其分地处理好各种光的强弱、光色搭配、光造型，是商业街区夜环境气氛与景观创造的核心问题（图 3-18）。

图 3-18 商业街夜景要素组合效果

（1）橱窗照明。用来展示店内的代表性商品，通过巧妙的设计吸引顾客，照度一般是店内的 2 ～ 3 倍，同时为防止街道上景物在橱窗上成像，影响行人视觉，一般要求展品的亮度也要高。

（2）广告照明。采用鲜艳的色彩和醒目的造型，或以图片和文字等，来吸引行人的注意，有较高的亮度，以便于吸引行人的视线。

各种形式的商业广告在商业街夜景观中占有相当大的比重，电子显示屏、霓虹灯广告、牌匾广告等比比皆是，极大地丰富了商业街的夜空间环境。但是如果户外广告现有的内容与形式或单调或缺乏艺术性，会破坏夜景观，甚至成为“视觉污染”，因户外广告对商业的重要意义，户外广告应结合街道的功能和沿街建筑的功能特征，考虑广告牌的位置、尺寸与形式，将广告与城市设施结合，限制与街道性质不符的广告，并利用广告的装饰效果在有碍景观的地方进行必要的遮挡与修饰。同时，应将广告灯光作为夜景观规划设计的重要组成部分，纳入规划设计的整个过程，使其规范化。

（3）店招店牌照明。用来展示店名和店门，也起着连接室内外的作用，所以它既要引人注目，又要与店内保持一定差别，对站在门口的顾客产生一种向内的吸引力。

（4）街道灯具与其它小品设施。

商业街区外部环境中灯饰设施有矮柱灯、节日灯、喷泉灯、聚光灯、小品灯，不同的空间场合，对灯的高度、造型、照度的要求不同，灯具的造型与商业街整体环境的风格相辅相成。为了保持环境柔和、宜人的气氛，防止产生眩光，商业街一般不宜设置高亮度照明，多采用庭园灯，尺度宜人，光线柔和，不同于纯粹道路照明。在休息空间应采用照度小、尺度亲切的灯具。灯具还应同时考虑壁灯、外廊空间顶灯的综合运用。灯具与树木的装饰相结合，如满天星等。

照明灯具自身具有白天与夜晚双重景观作用。灯具的光学功能发挥在夜间，起照亮夜间街道载体的作用，而白天只是灯具及灯杆进入人的视野，其外观材质、色彩等工业设计品质影响着整体的视觉感受。灯具作为街道景观构成因素，灯具选型理应纳入街道夜景观规划设计。灯具灯杆色彩的选择对于街道景观的形成有着重要的影响。当灯杆的色彩呈高明度、高色调时，给街道增添明快、繁盛的气氛，但容易造成街道景观混乱、主次不分的视觉效果，因此往往采用低明度、低色调的色彩，有利于街道日景观与夜景观整体的协调。

4、沿街建筑及空间夜景规划设计要点

（1）街道轮廓线

城市街道夜晚轮廓线由沿街建筑立面轮廓线与天际轮廓线构成。

①沿街建筑立面轮廓线。它包括两个层次：第一轮廓线与第二轮廓线。第一轮廓线又称为实体轮廓线，由屋顶的轮廓构成，屋脊与山墙的多种形式赋予轮廓线鲜明的个性；第二轮廓线即附加在建筑实体上虚而不定的物体轮廓线，例如：霓虹灯、招牌、灯具等。第一轮廓线表现结构化、秩序化，清晰、成图；而第二轮廓线无序、非结构化，因此应将第二轮廓线尽可能地组合到第一轮廓线中，形成完善的夜间街景。

②城市街道天际轮廓线。由表层轮廓线和衬景轮廓线共同构成。对于较窄的街道，由于视域较窄、较短，因此衬景轮廓线难以看到，街道空间轮廓线主要由表层轮廓线来完成和体现，它们所形成的轮廓线变化既要清晰醒目，又不能造成视觉上由于变化过大而引起不适。这时沿街建筑立面轮廓线显得尤为重要，而其中建筑顶部处理又成为街道夜景观的重点，类似坡顶、退台等屋顶形式，会因其丰富的外形及多层次而使街道轮廓线呈现出轻松活泼、生动多变的效果，因此在夜间可以酌情加以表现。

对于较宽的街道，天际线是通过表现轮廓线与衬景轮廓线的谐调配合来完成

图 3-19 富有变化的街道天际轮廓线

图 3-20 上海外滩街道夜景天际轮廓线

的，此类街道的表层轮廓线在充分表现自身的同时，必须顾及纵深层次的轮廓线效果。

另外，在街道的转弯处、街道透视灭点处及街道长距离观察点等关键部位，应通过具有标志意义的建筑来使轮廓线更具特点。（图 3-19）

（2）沿街建筑立面处理

街道空间主要由建筑物围合而成，因此建筑物立面夜晚的表现形式决定了人们对街道夜空间的心理感受。由于昼与夜城市空间图底关系的反转，人们对街道空间的舒适度不再以 D / H=1 为标准（D：街道宽度，H：街道两侧建筑物高度）。在灯光的笼罩下，黑夜压缩了街道空间，呈现出低平向远处延伸的空间感。这里借用古典建筑立面三段式的概念进行街道立面的夜景分析。（图 3-20）

①建筑底部。沿街建筑底层立面是夜间的表现重点。人在城市街道上活动，视觉范围通常在地面以上 10m 范围以内，即建筑的一、二层，由这段建筑的尺度、细部、风格等渲染而成的空间环境最能影响行人的行为活动和视觉感受。这段建筑立面上的门窗、墙面、柱廊、挑檐等的装饰式样、色彩、材料质感及与之配合的室外楼梯、人口处理、庭院、下沉式广场等最符合人的尺度，刻画最精巧细致，也是街道空间中最有魅力的观赏区段，是街道夜景观的重要表现之处。

②中段。人在街道上活动的正常视域内，建筑的中段一般只作为街道的衬景，除在节点处，建筑二层、三层都可一同表现。在街道宽度远大于建筑物底部高度时，为增加人的空间舒适度，扩大街道夜空间竖向感受，对建筑物中段进行适当的照明。建筑物中段照明可采用泛光照明，对于建筑物中段有特色的部位，可以适度

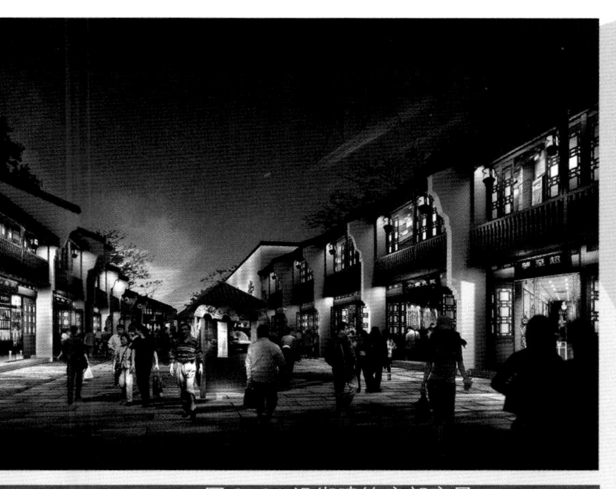
图 3-21 沿街建筑底部夜景

加以刻画。适当运用林奇的 25 米定律，避免在夜间过长的单一街景产生单调的感觉。（图 3-21）

③顶部。建筑物顶部是街道轮廓线的组成因子。在较宽的街道上行走时，人们除了注意建筑底层局部效果外，更多的是注意建筑的中上部及群体的构图与轮廓线，这时建筑的中部及顶部形式的处理成为必须考虑的问题。顶部与中部、底部在竖向上有所呼应，形成不同的表现重点、不同层次、不同韵律的夜空间体系。

（3）建筑后退红线空间的处理

建筑后退红线的空间由于介于街道空间与建筑物之间，布置有花台、座椅、小品、水池等城市家具，是人们休息、交谈、漫步的场所，此类空间仅靠街灯与建筑物内透光照明是不够的，应通过庭园灯、矮柱灯、地脚灯等营造舒适、安逸的光环境。

（4）商业街人行道夜景照明设计

在夜晚以路灯来界定人行及车行空间是非常有效的方法。一般来说，车行路灯为高明度、白色光、高位照明，而人行道则以较柔和、暖色、低位照明的步道灯为好。车行路灯可置于分隔岛上或人行道外侧，而人行道灯具可置于车行路灯或建筑物上。对较宽的人行道可增设步道灯、矮柱灯等小尺度灯具，避免因人行道照明不足，使花坛、座椅、邮筒、垃圾筒、交通指示牌等设施淹没在黑暗中。具体技术要求参见第三节。

第三节 城市步行空间光环境设计

城市步行空间主要指城市公园、广场、滨水地区、居住区的步行空间（不包括商业步行街），这些步行空间是城市居民社会夜间活动的主要区域，是按照城市功能的要求而设置的城市居民夜间活动的主要开敞空间，照明所追求的是给予大多数人的安全感和愉悦感，满足不同年龄、层次、职业居民夜间活动对光环境要求，是体现“以人为本”照明理念的主要载体。

一、城市步行空间光环境特点

1、具有浪漫的照明环境氛围特点

浪漫的照明环境相对较暗，但光线更加柔和，在幽暗的照明环境中形成了舒适的、悠闲的场所，漫步其中，让人深思和幻想。这样的空间用阴影加强了空间的气氛，但却透明、清澈和友好。照明装置不一定是可见的，即使不可避免地被看见，它们也不应该破坏气氛。蜡烛和花园里的火把都是经典的环境要素。浪漫的照明环境通常同月圆之夜联系起来，这时一切沐浴在灯的光芒下，并会形成明显的影子，在灯的光束之间会留有暗的“孤岛”，创造供恋人使用的静谧空间。（图 3-22）

2、具有诗意的照明环境氛围特点

诗意的照明环境如同在纸上作画般那样创造出以光为“主导”的场所。在这类环境中，阴影同光、色彩、形状、影像一样是创作的一部分，它们是场景中的重要组成部分，可以变换颜色和运动。一般来说，影子的形状都是可辨认的，并且清楚

图 3-22 浪漫的照明环境

图 3-23 富有诗意的照明环境

地映射出被照亮的物体。但是，它们同样有意想不到的，或是人们不熟悉的形状。这样，它们就能够很快形成一种惊人的效果，让人留恋忘返，印象深刻。（图 3-23）

3、具有童话般的照明环境氛围特点

此类照明环境由无数小的、银色、闪烁的光点构成，置身其间就像漫步在群星中。这些光点的光线微弱透明，而光源并不明显，创造出柔和而模糊的阴影。这样的环境会给人以神秘的感觉，却不会让人不安。（图 3-24）

4、具有戏剧化的照明环境氛围特点

顾名思义，这种环境就是运用各种形式的光、影在特定的时间创造出意想不到的效果，以达到展示自己的目的。它们采用强烈的对比效果，以夸张的方式体现出“浪漫的”、“童话般的”以及“富有诗意”的照明环境中的特质。其中，光、影承担着重要的角色。（图 3-25）

图 3-24 童话般的照明环境

图 3-25 戏剧化的照明环境

二、步行空间基本照明方式

步道照明的基本目标是安全性、安全感和景观美学。依据不同步行空间功能定

图 3-26 步道基本照明方式

位，选择适当照明手法，营造安全、舒适的光环境。（图 3-26）

1、下照光照明

将灯具安装于立杆或建筑墙面，出光口的位置一般高于人体高度，地面可以获得有效均匀照明，或采取矮柱灯之类的低位照明，出光口位置低于人的高度，光照范围减少很多，明暗分界线清晰，空间中形成一定的光照韵律。此外地脚灯，将压低的光照完全照在地面上。下照光可以营造一种宁静的气氛。

2、上照光照明

上照光沿行道树的左侧和右侧，分别在一排专门照射路面的灯与此平行设置，丰富空间垂直界面，行道树在有光照的背景墙下，形成剪影，空间得到了限定，给行人明确的空间体积感，为整个步行空间创造出极为戏剧化的光照环境。

3、漫射光照明

庭院灯或矮柱灯向各个方向发射光线，当设计的光强保持在适宜的指标范围内，并控制造成不舒适的眩光，可以在步行空间形成欢愉的气氛。

4、集中区域照明

为了强调空间的功能性，特别将局部一个步行区域集中照亮，如广场或某个节点。这种光照方式光照面积大，照度水平较高，对于人流相对集中的场合较为适合。

三、步行空间照明规划设计原则

1、满足基本光照水平

根据步行道的位置、行人和交通的流量，光照水平并不是一成不变的，周围环境的光照水平也是主要的影响因素。城市中心和郊区的步行空间就存在较大的差异，就是城区中不同的区域也应有所区别。人流量大的商务中心，步道需要较高的照度，均匀度要求也高。工业区和居住的步道，其光照水平就不必太高。

不管是哪类步行空间，路面良好的可见度是最基本的要求。但是也要注意路面的照明不应干扰环境的视觉中心，就其亮度水平，路面不应是最高的，环境中的雕塑、树木或入口处（大门）才是重点照明的对象。虽然路面的照明不要求高的照度，但是对均匀度有一定的要求，不均匀的路面照明会隐藏障碍物、模糊路面，行人就会将注意力过多地集中在路面上而无法进行其他视觉活动。人们在朦胧的游路上漫步，周围是亮度高的界面，这样的亮度配置环境让人感觉最舒适。

表 3-4 北美照明学会的人行步道照度推荐值

步道分级	一般条件	特殊条件[1]		
人行道所在区域分类	平均水平照度 lx[2]	平均照度与平均最小照度之比（水平）	平均垂直照度 lx[3]	平均照度与最小照度之比（垂直）
商业性＊	10	4 ∶ 1	20	5 ∶ 1
中间段＊	5	4 ∶ 1	10	5 ∶ 1
居住区＊	2	10 ∶ 1	5	5 ∶ 1
公园步道 一级自行车道	5	10 ∶ 1	5	5 ∶ 1
人行隧道	20	4 ∶ 1	55	5 ∶ 1
人行天桥	2	10 ∶ 1	5	5 ∶ 1
人行楼梯	5	10 ∶ 1	10	5 ∶ 1

注：⋆ 商业性：是指市中心的商业区，一般来说夜间行人较多。城市发展中的商务区和市中心地带都包含在内，车流量和人流量均较大。

⋆ 中间段：夜间人行活动相对集中的地方，如街区中的图书馆、社区娱乐中心、大型商业建筑、工业建筑或周围布置有零售商店。

⋆ 居住区：居住区或居住与商业的混合型，夜间行人较少。单纯的住宅、毗连式住房和公寓也属于此类。

[1] 在考虑到安全和减少犯罪率的情况下，应该将垂直照度提高。

[2] 以地面照度水平为准。

[3] 以步道以上 1.5m 处的照度水平为准。

没有必要去套用硬性的照度水平规定，步行空间的类别不同，所在的城市区域又不一样，很难用一个统一的标准，但是应该了解最小照度值的意义。人行道的照度值从 2-50 lx 范围内变化，没有步道灯的照明，在满月的自然光下可以获得不低于 2 lx 的照度水平。要提高人们的安全感，仅仅增加路面的亮度是无效的，最重要的是将环境照亮。

2、形成步行空间的序列与定向引导照明

有韵律感的照明对于休闲步道是一种理想的照明方式。阴暗区域的交替给行走中的人们一种期待，特别是弯曲的路面，灯光的韵律起到明显的导向作用。出光口的高度和灯具间距决定了空间的气氛，低位的路面韵律照明常常用 1 ～ 1.2m 高的矮柱灯具实现。埋地灯的布置也可以有类似的效果，光线的韵律与原有的地面设计可有机地结合。

（1）定位照明

高杆照明、步道灯以及地面上的发光面往往可以起到某种定位作用。无论哪种灯具，其外观的独特造型就可以作为人们辨别所处环境的提示。地面上发光的特殊图案或光照视觉中心，也会成为空间中的定位参考。

（2）引导照明

步道灯、低位柱状灯和地脚灯如果沿路径连续布置，夜晚连续的光点为人们提供了视觉上的引导作用，使得人们在行进时具有更强的方向感。连续的侧壁灯可作为空间上下转换的指引。

灯具在平面布置中的间距与灯具的配光直接相关。灯具的间距设置应考虑光斑的重叠，不要让中点的亮度过低，一般最大亮度与最小亮度的比值在 4 ∶ 1 左右。尽管路面照度不高，但是行道树的照明可以加强定向的视觉作用（图 3-27）。

3、考虑路面材质进行步行空间照明设计

路面的材质和铺装也会影响步行空间的照明设计。最简洁的路面是使用高反射率的材料整体铺装，如混凝土路面，那么光照水平就可以低一些。铺装复杂的路面，其中使用了暗色的材料，如深灰色青砖组合成图案，因青砖的低反射率，需使用高照度水平，以照亮复杂的铺装图案。

另外，有些景观步道的路面不是均质的或不规则材料，如树根的延伸或白天有趣的设计在夜间都会成为危险的障碍物，为此，照明应该在此有所提示或提高不规则铺装步道的照度水平，减少步行者跌倒的危险性。步道高差的变化如台阶，不一定专设照明，但是整体的照明设计应该保证此段的空间过渡安全顺畅。步道的宽窄对光照水平的要求也不相同。路面宽，行人心理上对边界的清晰度不是太在意；但

图 3-27 引导照明

图 3-28 富有景观效果的步行空间照明

是较窄的步道，必须提供高的照度水平，否则行人难以判断何处是边界。

四、城市主要步行空间照明设计要点

1、城市广场步行空间照明设计

广场是城市中人流相对集中的地方，夜间的使用主要是为了休闲与集会。广场的照明应属于场地照明，但是其周边的光环境，如建筑、道路、景观的照明共同作用产生综合的视觉效果。

（1）视觉认知

一般性的市民广场照明尺度以亲切为佳，而较大型的市民广场中的活动开敞空间普遍采用高杆杆照明，以解决人群聚集时灯柱对视线的消极作用。但是由于高杆照明灯具的尺度巨大，为使市民在夜间广场上有参照尺度，划分出不同尺度层次的照明是很有必要的。比如，与广场毗连的散步林荫道，照明应与广场形成对照。照明的层次划分要与道路等级相结合，人们在夜间可以从很远处根据灯光的层次判断出自己的方位与目标点，提高可达性（图 3-28）。

广场中的标志物，如喷泉、雕塑或小品等夜间常被作为视觉焦点，其照明设计应该着力表现这一视觉特征。当人们在广场中步行移动时，标志物的照明起着定向作用，也是行人不断更换环境的潜在暗示，因此，照明对环境的认知起到良好的引导作用。

（2）照明要求

广场的可见度、亮度分布和气氛照明是塑造广场夜景形象的基本照明要求。

①可见度

一定量的光照水平是保证广场可见度的前提。但是过高的照度水平将导致人们在视觉上的兴奋和紧张。表 3-5 是国际上普遍推荐的水平照度值。

表 3-5 广场照度设计推荐值

场所	推荐的水平照度（lx）
铺地广场、草地	5
林荫道	10
主要出入口	20

②亮度分布

城市中的广场尺度较大，空间区域划分较多，设计元素也较丰富，因此在照明图式上不会将广场每个部分均匀照亮，而是将不同区域和不同照明元素分等级和分层次进行不同的亮度设计。这样设计的益处在于：一是可以将光有效地照射到有功能性需要的部位；二是可以营造高低起伏的照明变化。

③气氛照明

光色选择、灯具布置、照明方式对广场的照明气氛产生直接的影响。暖色调的光线给人以温馨浪漫的感觉；冷白光的高照度塑造出广场的宏伟；动态的彩色光渲染着节假日广场的欢乐；广场地面上的发光点设计，如银河中的星光璀璨夺目。

④照明设施布置

广场照明应强化步行者对开阔空间的认知，灯具的布置和尺度应该与广场所在的城市与建筑设计相协调，灯具选型和灯位布置应避免遮挡视线。照明设施的选择与设置应给人以深刻印象，突出场所个性，将净化与丰富相结合，具体与抽象相结合，做到白天夜晚看上去都有同样良好的效果（图 3-29）。将照明设施与功能小品结合处理，减少不必要的设施用地，如：不用灯柱或装饰设施，直接将灯装在周围建筑物的立面上或广场中的小品中；注意公共建筑照明与广场照明的整体效果，广场夜晚景象可以随着灯的光影效应呈现出与白天异样的场景。应充分利用广场周围公共建筑门厅、橱窗、广告灯的装饰照明烘托气氛。

图 3-29 富有个性的广场照明

2、居住区步道照明

没有比居住区的照明更加专注安全性和安全感了，通过功能性照明能够打造行人使用的清晰安全的“行走空间轴”，同时，照明可识别面部（便于熟识的人打招呼），确定方位（识别路口），防止或抑制犯罪等，都是居住区照明的重要功能。

日本东京附近有五个居住区，把行人从许多行人和汽车交汇的汽车站分散到通往他们住家的进出口道路，中间要经过的道路分为 A、B、C 三级，A 级为引导性道路，B 级为人行分散道路，C 级为进出口道路。根据道路级别逐步降低照明水平。结果表明，这种设计方法不仅可确保在整个居住区所有狭小道路上均能获得防止犯罪活动所需的最低照明水平，又能节约能源和经费，更增加了居住区的易识别性。因此有必要对居住区内的步行道照明根据照明需要进行分级。居住区级道路对应以街灯为主的一级照明；居住小区（组团）级道路可采用庭院灯（步道灯）或街灯进行的二级照明；宅前小路宜采用庭院灯（步道灯）和脚灯为主的三级照明，以满足居民夜空间的尺度感和户外活动需要（图 3-30）。

居住区内的道路除了水平照度之外，垂直照度和半柱面照度也应达到最低标准要求，否则人的面部不清，很难分清行人意图。若对夜间主重要使用者是中老年人、儿童、家长或青年伴侣，可根据不同年龄阶段不同的活动需求出发，选用不同色温、光色、亮度的灯具，其照明设计更注重人性化，以利于人们的沟通和交流。正确的灯具选择和布置是这类空间的基本设计要求。灯具应该有适当的遮光设计，易于定向，增加安全感。此外，居住区的照明设计应有效防止光线直接射向住户窗户，减少光眩光，有效防止光污染，满足居住环境不受光线干扰的原则。

3、滨水步道照明

位于滨水地带的步道，其垂直界面与其他类型的步道有很大的区别，其中的一侧界面是水系。靠近水面的一侧设置较宽的步行道，行人可以驻足眺望对岸的景观（图 3-31）。在这种滨水步道行人的移动速度较慢，人流也相对集中。城市滨水区域一般呈带状结构，地面沿断面方向有高差变化，加之开阔的水面上没有强烈的光照，背景是大片黑色的天空，这种步道的照明设计要求与其他步道会有许多不同之处，其照明设计重点在于：

（1）步道灯选型与对岸观景；

（2）水中倒影和中间层次的光点韵律；

图 3-30 居住区照明

图 3-31 滨水步道照明

（3）安全照明和景观性照明。

（4）滨水步道的照明灯具，因其本身也是环境中的重要装饰元素，为此应特别注意造型造型、材质、色彩和良好的配光。

4、踏步与台阶照明

踏步与台阶的照明应提供充分的光照让行人易于识别高差的存在，提高踏面的可见度，包括上行和下行梯段的辨别。根据梯级所使用的贴面材料，注意控制不同的光照水平。深色的材料，要求较高的光照；反之，浅色的材料可以控制得低一些。高亮度和非常均匀的照明意味着空间高度的开放；如果是不均匀的光照图式，则空间的私密性程度较高。为看清脚下的踏步，即用于说明性的各种标识，在夜间不能忽视对它们的照明。当然夜间对踏步的照明不应太亮，以免干扰环境中的视觉中心。

依据踏步与台阶所处的环境、位置和通行的人流以及梯段本身的构造形式和尺寸，可以有下照光、侧面光、踢面嵌入式和低位柱式照明。

（1）下照光

将灯具设置在附近的树干上或嵌在踏步上方的屋顶天花上，这时要注意白天灯具的暴露问题。下照光的设置还要尽量减少踏步的阴影，最好的处理是将灯具设置在梯段中间位置的上方。但要注意灯具的投光角度或出光口的遮蔽，以免产生过分的眩光。

（2）侧面光

在梯段的侧墙上嵌入灯具，从侧向照亮踏步，灯具的隐藏性很好。灯具的形状需要结合墙面、踏步的铺装选定，灯具的大小和安装位置应考虑墙面的视觉效果，应有适当的比例。不提倡沿侧墙交替设置灯具，这样容易误导行人。超过 1.5m 宽的踏步可以考虑双侧设置，但是如果人流量少，仅在一侧设置就能满足要求。如果在人流量大或上下频繁的区域，则要求双侧设置。（图 3-32）

（3）踢面（踏面）嵌入式

在踏步踢面或踏面上嵌入专门用于踏步照明的灯具。从正面看来，成组的灯具沿着踏步或台阶，形成导向性很强的光带。这种照明方式并不追求踏面的照度，而是依靠灯具的发光面，形成视觉上的序列。（图 3-33）

（4）低位柱式照明

立柱式的灯具沿踏步布置，灯具设置的间距根据灯具的配光、梯段的宽度和具体的环境而定，高度一般是低于人体高度的低位照明，这种照明方式应特别注意灯位的选择，太靠近踏步起始端，下行踏面会形成浓重的阴影：如果离踏步过远，行人便不能看清前方的踏步设置，就会造成更大的安全隐患。事实上，这种低位柱式照明还可以在踏步的开始端和结束端各设一套灯具，提醒人们这里会有空间的转换以及高差的变化。（图 3-34）

图 3-32 台阶侧向照明

图 3-33 踢面嵌入照明

图 3-34 台阶低位照明

五、步行空间照明灯具选型

步道灯或庭院灯与路灯不同，后者更偏重它的功能性，前者则具有功能性和装饰性双重特性。灯具的造型对于步行空间的视觉愉悦产生很大的影响。富有吸引力的外观和优良配光与高光效的照明灯具是步道灯的设计要求。

步行空间所使用的灯具一般有两种类型：一是灯具本身作为环境中的装饰元素；二是主要提供光照水平，灯位隐蔽，也就是“见光不见灯”。选用何种形式的灯具以及如何设置，这与设计者所确定的照明风格或设计概念有关，通常业主与设计者都会有很强的设计倾向，来决定是否让灯具本身也成为环境中的设计要素。可见灯具使得照明成为空间中的一个显现要素（图 3-35）；隐藏的灯具改变了整个环境的夜间景，往往可使人们忽略照明设备的存在。装饰性灯具可以增加环境的魅力，如居住小区中的步道照明；在一些公共空间里，如广场的照明灯具，可以成为那个环境中的标志性元素。

图 3-35 作为空间组成元素的灯具

第四节 | 灯光表演（源于舞台灯光的室外照明）

早在文艺复兴时期，火光源在舞台照明中的应用已经日臻完善，特别在表现自然幻觉、抒发艺术情感等方面。随着电光源地快速发展和灯具技术地不断进步，灯光越来越成为舞台上营造氛围不可或缺的表现手段。在照明设计成长成熟的过程中，舞台灯光也日渐清晰地从舞台美术中脱胎出来，成为光环境设计中的重要一支。目前一些传媒或艺术院校也开设舞台灯光专门课程。由于舞台灯光强烈的情感内涵和视觉冲击效果，近年来开始走出户外，有的与室外表演结合，如大型活动开闭幕式；有的表演成为常态化演出，如中国桂林的“印象刘三姐”和杭州的“印象西湖”，有的甚至一个演员都不用，完全靠灯光的表演来表现场景与情感，称之为“灯光秀”。法国里昂已将灯光秀打造成城市的一个品牌，每年定期举办面向全球的灯光节。照明设计师借助舞台灯光实践，在城市中进行灯光表演，繁荣城市夜生活，目前常用的有以下三种灯光表现手段，在现实中进行组合创意。

一、投射影像

这是一种利用成像原理产生影像，投在“映像载体”上的表现方法，它的三要素是映像载体、灯具、投射方位。

1、映像载体

舞台中的映像载体即布幕、纱幕、金属幕、绳索幕、烟幕、水幕等。城市景观中的映像载体更为复杂，若投射内容较为丰富，映像载体应力求简单匀质，如体形变化不大的山体、平坦的草坪、大面积的水体或墙面等；若投射内容较为单纯，则映像载体的选择相对自由，依设计意图而定。（图 3-36）

2. 灯具

最早应用于舞台照明的投影灯具即投射天空云彩的所谓“云灯”，随后出现了投射背景形象的投影灯（利用点光源的直射光线成像），可利用不同焦距幻灯作远距离全景投映或近距离局部投映（光源功率由几百瓦到一万瓦不等）。这些灯具不仅作固定投映，也可以制造动态投映，与声音等“非光”因素同步。此外，完备的投影灯具系统需配备制造各种动态形象的效果器和幻灯片。特效棱镜和幻灯片通常由厂

图 3-36 建筑墙面的投射影像

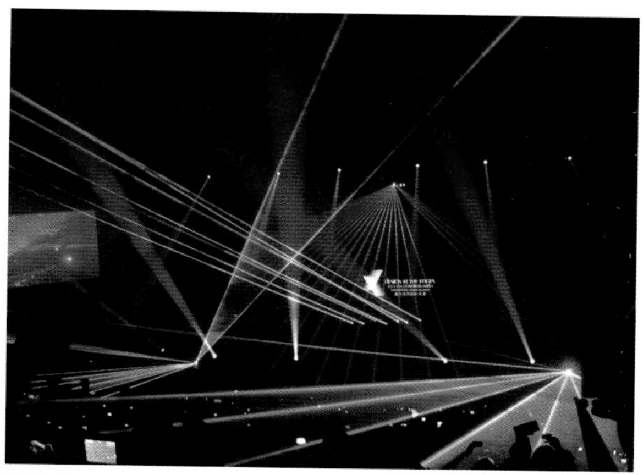

图 3-37 表现光束

家提供，但对于特殊案例而言，利用自制幻灯片通常能够获得意想不到的效果。树影幻灯片为艺术家自制，获得了意想不到的效果。

3. 投光方式

舞台灯具的投射方位有正投、背投、正背结合等，对于城市景观而言，并无一定之规。由于投射的光影是通过一定的亮度与色彩显示图像，容易受外部光的干扰——反射光与直射光的干扰将把形象冲淡、冲灰、冲虚，因此要对其他光线严格控制。

二、表现光束

光束是当代音乐歌舞等表演形式中常见的辅助手段。舞台空间中色彩变化的强光束，在装饰空间、塑造人物、烘托气氛、强化节奏等方面发挥了重要作用（图 3-37）。

光幕是利用密集的光束排列成行，构成幕的屏障效果。形成光幕的基本条件首先使用汇聚能力好，能制造强光束的灯具；其次在光束空间内要有媒介物作为受光体，通常采用烟雾、油脂、粉质、水雾等。

三、表现彩光

很多戏剧空间用彩色灯光装饰演出空间，通常伴随音乐营造特殊氛围。近年来，彩光照明技术越来越多地应用于景观照明。表现彩光的光源包括小功率彩色白炽灯泡、设置滤色片的传统光源、发出彩光的传统光源、美耐管、光纤（在光源发生器中增设滤色片）、LED 光源等，不同机制的彩光具有微妙的差异，不能笼统地用色温和光色加以表达。

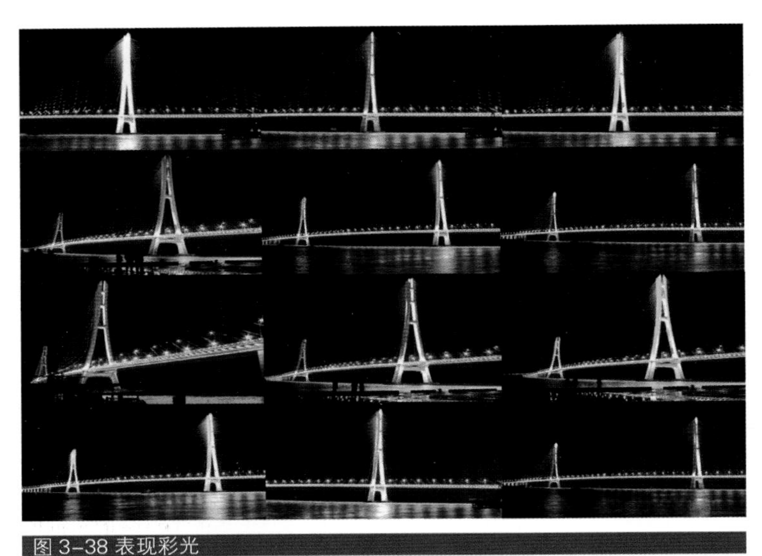
图 3-38 表现彩光

激光也是演出专用的以窄光谱显示的单色光源。激光扫描产生的点、线、面效果在光的空间构成方面自成体系。激光的表现形式有很大局限，应当慎用。在没有其他光源的干扰下，它的光色美感、光束构图是其他手段难以媲美的（图 3-38）。

紫外线灯也是对人体无害的专用演出光源。当其照射到荧光材料时便激发出可见的色光，光色随荧光材料而异。利用该特性，可以用荧光材料对城市景观的表面进行处理。当其他光源熄灭时，在可见光下显示的景物消失在黑暗之中，具有荧光性质的表面呈现出来。需要注意的是：紫外线下的荧光体在视觉上呈现出的是光感，而不包含质感信息；最终效果取决于光源的发射特性、荧光材料的反射特性、可见光消失的程度。

第四章　城市景观要素光环境（照明）设计

第一节 | 建（构）筑物景观照明

建（构）筑是城市空间构成的决定因素，用灯光塑造建（构）筑的夜间形象是一种城市美的再创造。建筑及其群体在夜晚城市空间中组合方式的优劣直接影响着人们对城市夜景观的评价。建（构）筑物照明应从城市夜空间的整体要求出发，考虑建筑的体量、外观、色彩、风格、材料质感及周边环境等因素，然后，再根据每栋建筑的不同特点，选取重点表现部位，采用恰当的照明方式，合理搭配光色，对建筑物形体进行夜间表现。

一、建（构）筑景观照明方式及应用

常见建（构）筑物景观照明方式有投光照明、内透光照明、装饰照明和特种照明等，也常将其中两种或两种以上的照明方式相结合。

1、常用建（构）筑照明方式

（1）投光照明

这是建筑物照明的基本方式，分整体投光照明（泛光照明）和局部投光照明。就是将投光灯安装在建筑物外或建筑物上，直接照射建筑物或建筑物的某个部分，在夜间重塑及渲染建筑物形象的照明方式。使用光源常有金卤灯、高压钠灯和LED等（图4-1）。良好的投光照明应考虑以下要求：

图4-1 建筑投光照明

①要确定好被照建筑立面各部位表面的

照度及亮度，与周围环境的亮度对比，确定建筑物表面明暗关系，增加照明层次感。一般不必把建筑均匀照亮，但也不能在同一照射区内出现明显的光斑、暗区等不均匀情况。

②选择控光性能优越的专业级灯具，同时合理选择投光方向和角度，防止产生眩光和光干扰。投光灯具安装应尽量做到隐蔽或伪装，不影响建筑白天美观，尽量见光不见灯。

③突出照射建筑物的主要细部，使人们欣赏建筑之美，看清细部材料的颜色、质感和纹理。

局部投光可利用建筑物本身的构件或部位利用建筑物的外廊、阳台、悬挑遮篷等出挑构件以及屋顶阁楼、构架等屋面附属部分，立面花格遮阳等建筑物的装饰构件，作为小体积的投光灯“藏匿”之所。也可利用建筑物檐口、墙体等部分暗藏线性灯具，如镁耐灯管、线性光纤、T5 或 LED 线条洗墙灯。

（2）内透光

利用室内光线向外透射所形成的建筑夜景灯光形式，常见做法有二种：一是利用室内既有的灯光，在晚上不熄灯，让光线向外透射，称为自然内光外透；二是在室内近窗的上檐或窗台处或近窗地面安装灯具，向上或向下投射，通过室内载体（窗帘）或空间反光外透，亦或直接看到发光光源来表现建筑物的夜景。（图 4-2）

为了追求外观照明的均匀度，宜将光投向窗帘或室内天花板等反光载体。灯具功率的选择应与玻璃的选材和透光率有关。透光性较差的玻璃不提倡使用内透光照明。

图 4-2 内透光照明

图 4-3 装饰照明

（3）装饰照明

为了在节日庆典等特殊时间与场合营造热烈、欢快的喜庆气氛，可以利用各种彩灯灯饰装点建筑物，用星点矩阵、图案装饰或勾勒建筑轮廓（但勾勒建筑轮廓应慎用，特别是对现代建筑，简单勾边往往破坏建筑夜景立体形象），加强建筑物夜间的表现力。可利用的光源有 LED 点灯、LED 软管、彩灯及霓虹灯等。（图 4-3）

（4）特种照明（艺术灯光）

艺术灯光是从舞台灯光演化而来，从舞台走向室外的特殊照明。它是用激光、光纤、导光管、3D 全息投影技术或声光电综合技术营造特殊灯光效果的照明方式。比较适合在城市广场、公共场所区域的商业建筑和标志性建筑，或在节日、大型活动的时段采用。（图 4-4）

2、照明方式特点适用场所

投光照明显示建筑物外形，突出它的全貌或局部细节，力求层次清楚、立体感强，灯具的安装位置及投射角度很重要，否则会产生光干扰。它适用于表面反射系数较高的建筑物。

图 4-4 特种照明

内透光照明建筑形成由内而外的发光面或发光体，晶莹剔透的视觉效果。适用于玻璃窗较多或大面积的玻璃幕墙、标识、广告等。

装饰照明形成特别的图案和装饰效果，烘托气氛或改变建筑夜间形象。适用于商业建筑以及节庆活动时的临时建筑装饰。

特种照明创造动人、强烈视觉冲击的灯光表演，适用于节庆活动时大型公共空间商业建筑或标志性建筑。

表 4-1　不同建筑照明方式特点及适用场所

照明方式	特点	适用场所
投光照明	显示建筑物外形，突出它的全貌或局部细节，力求层次清楚、立体感强，灯具的安装位置及投射角度很重要，否则对产生光干扰	适用于表面反射较高的建筑物
内透光照明	建筑形成由内而外的发光面或发光体，晶莹剔透的视觉效果。	适用于玻璃窗较多或大面积的玻璃幕墙、标识、广告等
装饰照明	形成特别的图案和装饰效果，烘托气氛或改变建筑夜间形象。	适用于商业建筑以及节庆活动时
特种照明	创造动人、强烈视觉图像的灯光表演艺术。	适用于节庆活动时大型公共空间商业建筑或标志性建筑。

二、不同功能建筑的景观照明

建筑物景观照明采取何种方式应根据建筑本身的功能、形态特征来进行设计，并与环境相协调。

（1）行政建筑

图 4-5 行政建筑照明

宜以庄重、简明、朴素为照明主题，一般不宜使用彩色光，必要时也只能局部使用低彩度的色光照射（图 4-5）。照明除了以展现建筑形态结构特征为目标，而灵活应用直接投光、间接投光或内透光等方式。可突出建筑标识、楼名等。

（2）纪念性建筑、文物保护建筑

以庄重、简洁为照明主题，突出建筑纪念性的特征或文物保护建筑本身的建筑造型特点作为照明设计的基本原则。照明方式主要是投光照明，用光色彩力求简

图 4-6 文物保护建筑照明

图 4-7 文化建筑照明

洁、鲜明，注重对建筑细部表现，灯具造型应尽可能与建筑协调一致。（图 4-6）

（3）文化展示建筑

照明设计应着重突出建筑的个性，可使用静态与动态结合的方式，必要时可以在局部使用适当的彩色光。可结合一些特种照明方式，创造具有时代感的、高科技的特殊照明效果。（图 4-7）

（4）商业娱乐建筑

为渲染商业建筑的活跃气氛，可部分使用动态照明。通过灯光的颜色和亮度配合，创造出富有层次变化的光照图式。即便是同种光色，也可由浅入深作亮度上的梯度变化；或通过光色主色调基础上，进行彩色光点缀，营造繁华热烈的商业购物气氛。重点对店头照明和建筑的立面照明两个部分照明。（图 4-8）

（5）居住建筑

原则上居住建筑物本身不做景观照明，以避免对居民生活造成不良影响。若在特殊情况下，可以在不影响居民生活的前提下，对屋顶或建筑立面适当照明。

（6）办公建筑

以简洁、高雅为设计主题，灯光应结合建筑形态结构特征进行有选择照明表达，建筑照明应整体考虑，照明方式可采取投光、内透光或装饰照明等多种方式。对于大楼的标识、楼名等可以进行重点照明，达到醒目的效果。

（7）构筑物

标志性构筑物应当着力用灯光塑造构筑物的结构，使用光色、亮度与周边环境彩成一定的对比，以加强构筑物本身在城市夜景观中的重要地位。（图 4-9）

图 4-8 商业娱乐建筑照明

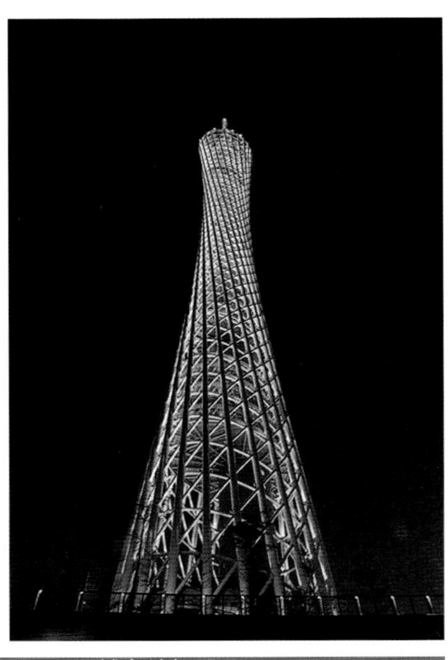

图 4-9 城市地标照明

图 4–10 低层建筑照明

图 4–11 多层建筑照明

三、建筑形态与照明方式选择

1、建筑体量与高度

（1）低层建筑

低层建筑主要考虑近人尺度建筑夜景，宜选用埋地灯投光照明，亮度不宜过大，注意“见光不见灯”。幕墙建筑可采用内透光，或在建筑立面上设置艺术化的壁灯等手段，创造绚丽的夜景观。（图 4-10）

（2）多层建筑

多层建筑多为在街道尺度观察，立面上灯具设置应与建筑色彩、形态、结构取得较好的关系，避免破坏白天建筑立面景观。尽量避免设置立杆投光，避免眩光。（图 4-11）

图 4–12 高层建筑夜景

（3）高层建筑

高层建筑分裙房和塔楼两部分。裙房部分的照明应与街道行人近人尺度的要求统一考虑，避免眩光。塔楼部分应考虑到观赏角度以及高层建筑对形成城市天际轮廓线的作用，其顶部一般作为重点照明部位，亮度适当提高，在光色上也可采用较醒目的色彩（图 4-12）。照明方式不应局限投光照明，最好能将灯具与建筑构件相结合，在建筑设计阶段就能统筹考虑。考虑节能等因素，高层建筑

图 4-13 坡屋顶照明

图 4-14 以屋顶为重点的照明

的照明可分级控制。

2、屋顶形式

（1）平屋顶

由于人们在正常视线时看不到平屋顶，重点对建筑立面照明进行表现。

（2）坡屋顶

坡屋顶照明分为勾勒坡屋顶和打亮坡屋顶两种方式。若单纯勾边，建筑形象过于单薄，易破坏建筑立体感。建议采用 LED 小射灯投射屋面，使建筑有更强的立体感。（图 4-13）

四、中国传统建筑照明设计要点

中国传统建筑的结构和形态与现代建筑完全不同，无论是宫殿、寺庙、园林建筑还是民居，其屋顶的形式（如重檐、起翘）、屋顶的材料（如琉璃、青瓦）、屋顶的脊饰（如鸱尾、鸱吻、正吻、悬鱼）、建筑的构件（如斗拱）、梁枋上的彩画装饰等，都会对照明方式产生很大的影响。

中国古建筑照明方式一般有以下三种：以屋顶为重点的照明；以屋身为主要照明对象；屋顶与屋身相结合。

1、以屋顶为重点的照明

由于中国传统建筑有着别具特色的屋顶形式，重点强调屋顶的夜间形象可以将中国古建筑的神韵表现出来。（图 4-14）

（1）屋面若由瓦铺装而成，在檐口瓦垄处设置小型射灯向上投光，瓦脊、瓦垄明暗相间，在屋面上形成美丽的中式坡屋顶光斑。

（2）对于某些攒尖顶的古建筑可以在起翘的屋角上设小型窄光束投光灯，由多个方向的投射灯照亮攒尖顶的宝顶。

（3）使用勾勒的方式，将屋顶独特的形状描绘出来。这种照明方式仅用于多层建（构）筑，如宝塔。不适合形态过于简单或复杂的屋面，故勾勒轮廓的照明方式应慎用。

（4）在环境高点处设投光灯，向下照亮屋面，又称之为“月光照射法”。但须避免产生眩光，可作好灯具的隐蔽，并应避免影响植物的正常生长。

2、以屋身为主的照明方式

根据“图底理论”，古建屋顶是白天视觉重心，而夜里照亮屋面下的斗拱和屋身，形成屋顶轮廓的剪影效果，则更显中国建筑艺术的细部美感（图 4-15）。

斗拱、格子门窗、柱子和柱础、匾额、彩画、勾栏、须弥座常常是中国古典建筑精美的细部，可以作为照明的重点部分。其他木构件如檀条、椽子、雀替等也可以用光适当表现。如用投光灯打亮檐口以下部分，可展现出传统坡屋顶的结构美感，也体现出屋面起翘的轮廓，使建筑形象也更为丰满。具体照明方法如下：

设埋地投光灯向上打亮檐部以下屋身部分。但要特别注意使用光学性能优越的灯具，既照亮建筑又防止眩光。

在建筑的外部设置投射灯灯具。投光的方向应经过仔细研究，避免产生眩光，并作好灯具的隐蔽，利用绿化隐蔽灯具、遮挡眩光是常用手法。

通过照亮建筑的内部形成内透方式来体现建筑形象。有些有柱廊的建筑，通过照亮内侧的墙壁，使得外侧的构件形成剪影效果，让建筑更有立体感。

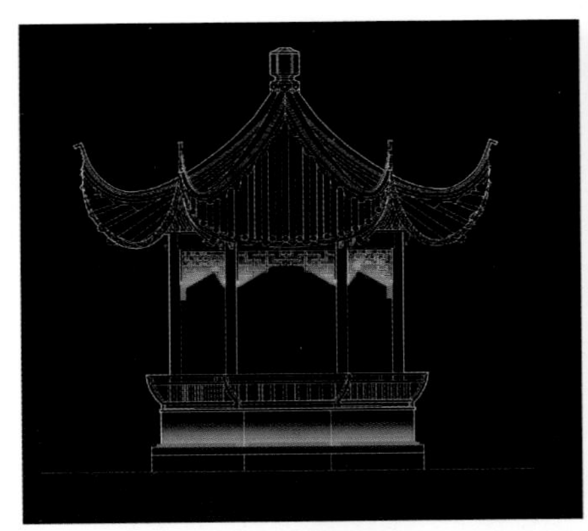

图 4-15 屋身照亮

图 4-16 建筑留暗

3、屋顶与屋身相结合的照明方式

打亮坡屋面，同时照亮屋身的柱或墙，也是一种照明方式。但还是应该注意明暗关系，避免整个建筑所有部分都很亮，反而丧失了立体感，显得非常呆板。

4、建筑留暗

并不是所有的建筑都要成为环境中最亮的主角。有时照亮环境，让建筑处于一个较低的亮度，也可成为另外一种光照构图；亦或是在建筑上落下斑驳的树影，也是中国园林所追求的意境。（图 4-16）

五、建筑景观照明设计基本要点

建筑物的景观照明设计有许多细节和技术上的问题应加以考虑，如墙面的材料对照明方式和光照强度产生的影响，选择合适的灯具、彩色光的科学使用（慎用）、有效控制眩光和隐藏灯具等。

尽量“三同时”，即建筑物景观照明与建筑同时设计、同时建设并同时竣工，实现照明设计与建筑、景观、室内设计的“一体化”。

根据不同建筑的功能和形态结构特征，确定照明风格，选择照明光源、灯具和照明方式。同时根据建筑物外装修材料和颜色，确定适当的波长或照度值。环境与背景亮度低、建筑表面材料反射率高、清洁条件好的建筑可选择较低的照度值，反之则高。

应综合考虑环境对建筑的影响，以及建筑与环境的关系。当建筑为照明重点时，则周边的绿化环境照明宜选用低亮度非彩色光源，并不得影响园林、古建筑等自然和历史文化遗产的保护。滨水建筑照明设计应考虑在水面形成的倒影效果。

应合理考虑建筑立面、周边环境条件，确定灯具安装位置、照射角度和遮光措施，外露灯具要隐蔽，“昼不见灯，夜不刺眼”，“见光不见灯”，避免眩光。

要符合安全、节能、绿色环保的原则。

采取相应的安全防范措施，要便于维修，且利于防盗。

第二节 | 绿化景观照明

绿化景观照明是指对植物、花卉等从烘托整体环境氛围出发，进行夜间艺术性展示的照明。

一、植物照明的前期分析

研究植物的类别、形状、质感等将有助于区分哪些植物需要被照亮，帮助理解景观中植物之间的关系，梳理出植物与照明装置之间潜在的矛盾，完成对植物夜景形象的想象。常见的观赏植物分为观赏蕨类、观赏松柏类、观形树木类、观花树木类、观赏草花类、观果植物类、观叶植物类、观赏棕榈类和竹类。

1、对植物的形状和质感进行分析

形状包括植物地上部分三维数据；质感包括主要角度的树叶尺寸和形式、树干的图案、整体的比例、树叶重叠部分的空隙等。此项分析的实质是基于视觉角度，对植物素描关系的把握。

成熟植物的形状将显著影响着照明方式。窄高的、直立和稠密树干的植物，切向光照射时，它的纹理和形状会给人留下深刻的印象。当它被修剪以保留某种形象时，照明装置要接近树的边缘，展现树的粗糙纹理。直立形状的树要求光线直达树顶，特别是高大的棕榈树，使用窄光束光源照明。（图 4-17）

2、对植物的树叶类型进行分析

分析内容包括形状、颜色、纹理、浓密度、透明度和反射比等。树叶既可以浓而厚，也可以透而薄，这些特性将指导光源和照明方法的选择。需要查明树叶颜色

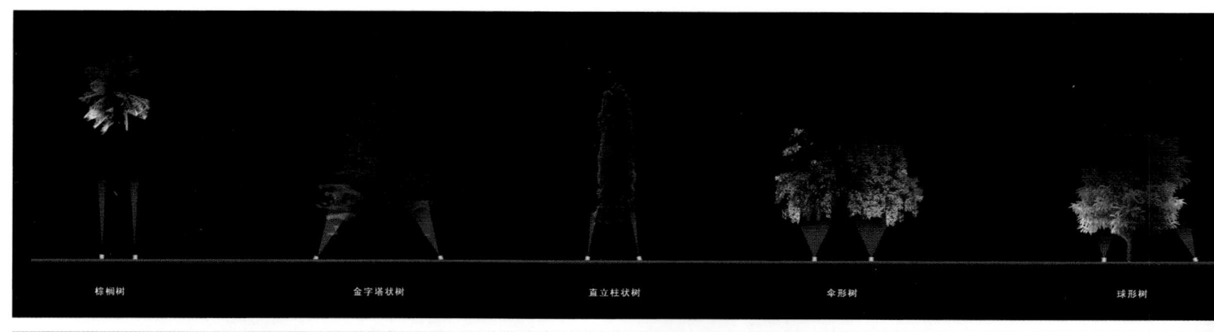

图 4-17 不同树形照明方式

在一年中是否发生变化，变化时间点包括从稚嫩期过渡到成熟期以及进入休眠期和花期的时候，有时一种植物也会同时拥有多种颜色的树叶。

如果植物被重叠浓密的树叶覆盖，建议照明装置安装在树冠以外，对树叶进行泛光照明，强调树形，但弱化纹理；如果将照明装置设置于树冠底部，将创造出一种只有底部被照亮的效果，因为光线无法穿透树冠。如果植物具有稀疏透明的树叶，灯具可以安装在树冠以下，创造出一种树叶发光的效果。对花的照明需要将灯具移到树冠外侧。

3、对植物的枝干特征进行分析

树枝的类型包括敞开的、闭合的、密集的、竖直的或下垂的。树皮的状况包括有纹的、多刺的、蜕皮的、裂缝的、多色的或剥落的。对于落叶性植物，树皮的特色在休眠期能够被强调出来。植物的树干可能浓密或松散，树干的图案可能天生美丽或丑陋，这些特征指导照明设计。（图 4-18）

图 4-18 落叶树木照明

当强调一棵树的照明时，通常需要照亮树干。很多树主干和主枝的纹理和构图可能是引人注目和非同寻常的。若树干不被照亮，这棵树看起来与地面脱离。

树干的照明可以是微弱的，也可以是强烈的，这取决于树干外观和树干照明同其他照明之间的关系。树干照明包括经由侧向光和正面光表现树干的纹理和色彩。

4、对植物的生长速度进行分析

照明设计师需要关注的是在植物生命周期内尺寸和形状怎样变化。某些植物的树形从年轻到成熟会发生显著的变化，成熟植物的尺寸也显著地影响着照明技术。对于生长的小树，灯具位置的选择十分困难：如果灯具按照植物最初的尺寸安装，随着植物的生长，灯具可能被完全遮蔽，进而失去效用；如果以成熟的树木为参照，在最初的几年内，照明达不到预期效果。一种解决方式是根据成熟植物的尺寸安置灯具，直至树木成熟。第二种解决方式是让灯具具有广泛的瞄准性能（比如更换不同光束角的灯具）或具有垂直升降的可调节性能。

5、对植物的开花特性进行分析

了解植物何时开花，开花多久，花色如何，花的尺寸和形状是怎样的，这些信息将指导光源和照明方法的选择。某些植物的花期对于光照周期十分敏感，夜间照明可以帮助或妨碍植物进入花期。（图 4-19）

图 4-19 MIHO 美术馆植物外景

二、植物照明的设计要点

1、植物照明整体构思

植物是空间环境的重要组成部分，植物所在的空间场所都有自身的主题，包括商业主题、纪念主题、自然主题、科普主题等。植物照明应该与场所的主题相符：商业主题要求照明轻松愉快，垂直面的亮度高；纪念主题要求庄重的照明效果，被照植物的形象比较完整，整体光构图要均衡；自然主题场所要减少照明的数量，还原自然感觉；科普主题场所要求真实表现植物原貌。植物照明只是场所景观照明的一部分，必须融入整体，一棵白天激动人心的树在夜晚也许要融入黑夜之中，引导人们的视线关注于夜景中的其他方面。

（1）根据场所夜景的总体构思对种植区域进行划分。白天重要的区域可能不同于晚上重要的区域，对于景观中的视觉焦点（主要的 / 次要的）、过渡元素和背景元素要重新划定。（图 4-20）

（2）根据总体构思确定每个区域的亮度等级和光色特征。对于每个种植区域要

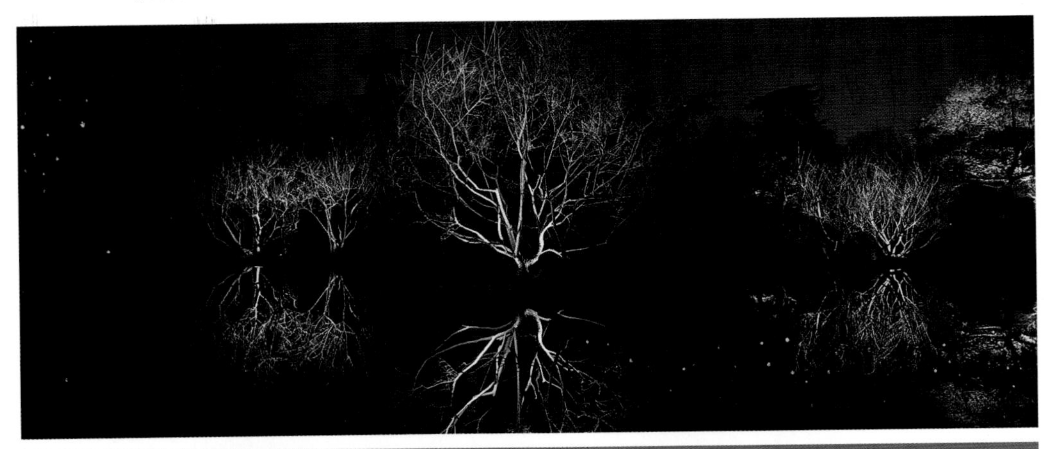

图 4-20 植物作为视觉焦点

决定植物是以温和的还是戏剧性的方式出现。焦点区域与周围环境的亮度比例该在5:1～10:1之间。

（3）初步确定每个区域所需灯具的数量和能耗（将叶子的颜色和反射比考虑在内），结合能源供给和预算进行校核。

（4）根据预期效果对具体位置的具体植物进行深入的照明设计。

2、植物照明的设计

根据植物照明总体构思中确定不同植物扮演的角色不同，决定一棵植物是否保留其白天的景象，或者当夜晚被照亮时创造一种新的景象。为达到期望的视觉效果，考虑包括光的投射方向、灯具位置和照明的量（数量和质量）等设计因素。

（1）光的投射方向

光的投影方向可以概括为上射光、下射光和侧向光。光的方向影响着植物的外观。下射光在植物叶子的下面产生阴影，模仿太阳或月亮照亮植物的效果，也可以模拟多云天的场景。上射光通常将改变植物的外观，不同于白天的景象，通过穿透树叶的光线使树体发光，在树冠的顶部产生阴影，强调出质感和形式，创造出树冠发光等戏剧化的视觉效果。

（2）灯具的安装

灯具的安装需要考虑光源的位置同植物位置的相对关系——在前面、侧面、后面或是这些位置的组合，这将决定植物呈现出来的形状、色彩、细部和质地。前向光表现形状，强调细部和颜色，通过调整灯具与植物的距离以减弱或加强纹理；背光仅表达形状，通过将植物从背景中分离出来以增加层次感；侧光强调植物纹理并形成阴影，通过阴影的几何关系将不同区域联系在一起。

（3）光的数量

如果该植物在整体景观中比较重要，其设计亮度通常与其重要性成正比。唤起人眼产生视觉的是反射光，必须考虑植物的反射性能。设计者对于植物与光线相关的生理机能也应给予足够重视，特别是光源的光能量分布和植物受光照的亮暗周期。除此之外，还要确保灯具的散热不会损害植物。

三、植物照明表现手法

植物的重要性影响照明的方式。对处于焦点位置的植物来说，要使照明装置环绕布置，提高其亮度。光源的数量取决于树木、树冠的尺寸和形状，当然也与灯具性能有关。当一棵树的功能是过渡元素或背景元素时，灯具的数量要少一些，创造一种掩饰的、从属的，但同时是令人印象深刻的效果。灌木通常作为配景，当设置照明装置时，至少离开这些植物60—90cm，创造柔和均匀的光线。

1、投射照明

灯具从远距离垂直照射植物，称为投射照明。投射照明提供了植物表面的均匀照明，它可以是明亮的，也可以是柔和的，该方式以达到整体构图为目的。（图4-21）

2、掠射照明

将灯具放置在比面光照明更靠近植物的位置，“切向”照射植物，称之为掠射照明。掠射照明强调质感，具体根据植物的尺寸和高度选择窄发光角的灯具，有时需要给灯具加装光学棱镜玻璃等配件，形成“扇面光”，更大限度对光进行利用（图4-22）。

3、内透照明

枝叶间有较多空隙，且树叶透明的植物，可将灯具放置于枝干的下部靠近或接近地面的位置，创造出枝叶发光的效果。（图4-23、图4-24）

图4-21 投射照明

图4-22 投射照明

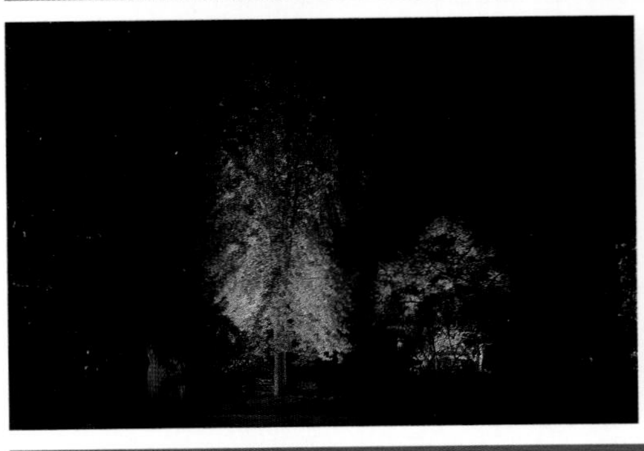

图4-23 内透照明1

图4-24 内透照明2

4、剪影照明

将灯具放在植物的后部，将植物后部的墙面照亮，照明表现的仅仅是植物形状，没有质感、色彩和细节，这种方式适用于植物有很明确的形状，在整个构图中是主要或相对主要的视觉焦点。（图4-25、图4-26）

图 4-26 剪影照明

5、落影照明

从树的侧面高处用上照光照亮树木，能在附近的垂直表面产生影子，增添墙面趣味。（图4-27）

图 4-25 内透及剪影照明

图 4-27 落影效果

第三节 | 水体景观照明

水是景观设计中的常见元素，包括自然溪流、池塘、瀑布、喷泉等。对水体的照明应判断水体在整个环境中的地位以及形态，并考虑光在水中的特性以及水与光的关系（图 4-28）。

图 4-28 光与水

一、水体照明的灯位

1、上位照明

从水体的上方向下或水平投射水体，灯具一般安装在附近的建筑或树上，其安装维护相对简单。流动水比静态水更容易表现，在水面上表现“波光粼粼”的效果。

也可以通过对临水建筑和其他灯光载体照明，在水中形成“倒影”，表示“水”的存在。

2、水下照明

灯具安装在喷泉或瀑布等湍急水流出水口的下方，借助水体气泡，使水体看起

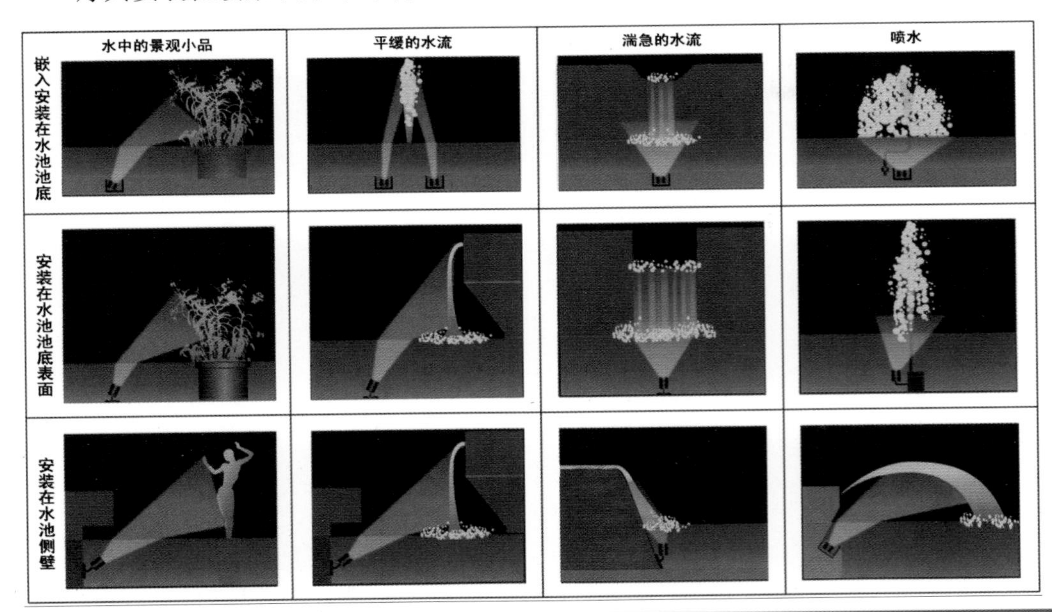

图 4-29 水下灯照明灯位选择

来有晶莹剔透、色彩斑斓的效果。水下照明灯具必须是专业级产品，确保照明有效性，同时有良好的防护性能（图 4-29）。水下照明应注意水下灯在水中产生的热量对植物和鱼类产生的影响。

二、水体类型与照明方式选择

水体类型千变万化，有喷泉、瀑布、壁泉、涌泉、溪流、管流、水帘、叠水、溢流及泄流等，相应采取灵活的照明方式。

1、瀑布

首先了解水堰的形态。如果水堰是平缓的，水流缓慢，没有大的水花，照明灯位应选在水体的前方，在水体的表面产生亮光；当水堰是陡峭的，水体从上而下，迸发出大的水花，水体湍急，这是灯位应选在水体内部，向上投射，光线与水体的作用形成发光的水体。应注意灯位必须在瀑布上节水体的跌落点上，以保证光沿着下部水体将上部水体照亮（图 4-30）。灯具的选择要根据瀑布的高度，泛光灯具可以提供宽的配光，但瀑布高度增加时，宜采取以下方式：

（1）对于水量较小的瀑布，灯具放置在流水前方，将水幕照得较亮。

（2）对于水量较大的瀑布，灯具放置在落水处，使水的动态效果会由于光线的作用变得更加强烈。

（3）对于落差较小的瀑布，使用宽光束的灯具向上照射。

（4）对于落差较大的瀑布，应选用功率大和窄光束角的投光灯具。为达到均匀效果，可以将灯具成组布置。

2、喷泉

首先应了解喷口的形式、水形、喷高、数量、组合图案等。不论单组直喷或组

图 4-30 瀑布照明

图 4-31 喷泉照明

合喷的喷泉，通常一股水流布置两盏独立灯具，使各个角度都可以看到，也可特制喷泉灯具与喷嘴一体化安装。（图 4-31）

（1）以水形的曲线造型为主的喷泉，将灯具布置在水面靠近喷口的位置，调整光照方向，与水流的曲线吻合。

（2）为了展示水体的动感和姿态，可将灯具布置在水体落点处的水面下，将光投向水体。

（3）对于喷口集中布置并向上喷射的水体，尽可能沿喷口布置水下灯具，通常每个水柱下安装一套灯具，使每个水柱都发光。

（4）对于较高的向上喷射的水体，应将光向水体的上端部分照射。

（5）对于水柱高于 5 米的喷泉，应使用窄光束的灯具投向水柱的最高部分。

3、水池

水池的照明可以将灯具布置在水池内，也可以池外布置，着重表现水池的形状、池壁、池底、装饰材料和质感，注意隐藏池底的设备。如果是强调水池形态，则沿侧墙安装灯具，不仅照亮水面，也可将池壁的材料和色彩通过照明进行表现。

第四节 桥梁景观照明

大型桥梁在城市空间中往往是标志性建构筑物，因此也成为城市夜间形象的一个重要组成元素。桥梁照明除了要满足桥面行车要求的功能性照明外，还需根据桥梁自身的形态结构及所处的位置，进行夜间景观照明表现。（图 4-32）

图 4-32 桥梁照明

一、桥梁照明设计原则

1、功能性照明，要求静态照明，满足交通需求。实施景观照明则应注意避免眩光，防止景观照明干扰桥梁的功能照明。

2、根据主要视点的位置、方向，选择合适的亮度或照度，光源应选择长寿命、高光效、节能绿色产品；灯具应选择光学性能优越而且特定的光束角。

3、应根据桥梁的类型，选择合适的景观照明方式，灯具尽可能隐藏或伪装，不可影响白天的景观，充分展示和塑造桥梁的夜间特色。

二、桥梁形态结构与景观照明手法

1、确定桥梁景观照明重点。重点照明部位的选择，如尺度较小以人行为主的桥，以栏板、栏杆照明为主；拉杆与悬索桥可突出桥梁构建等。（图 4-33）

2、城市重要区位的桥，或夜景观有必要突出的桥，可加入时间维度的变化，营造四季变化夜景观。

3、充分考虑桥梁与水面的关系。

表 4—1 桥梁结构形态及景观照明表现手法

桥梁结构形态	景观照明要素选择	景观照明表现手法
梁桥	主梁、桥墩、 钢桁架	利用桥面路灯的光形成水平方向的韵律感；将主梁、桥墩、桥台有选择地进行投光照明，体现拆面美感。
拱桥	主拱、桥墩、桥台拱桥的上部结构，吊杆、吊索、拉杆、桁架等。	重点表现桥梁强劲的力度感和优美的曲线造型，多跨拱桥的照明可实现动感变化。
斜拉桥	主塔、主梁、拉索	加强对主塔的塑造形成高耸挺拔的形象，根据索型选择不同的照明方式。
悬索桥	主拱、吊索、桥塔、梁、桥墩、锚碇	用“椭圆光”配光灯具照明，将灯具置于每根吊索根部，从下向上投射。照明应体现出轻盈悦目的抛物线吊索及索塔。

第五节 | 雕塑、标识和户外广告照明

一、雕塑照明

雕塑通常作为视觉的焦点，或者从远处即可看见，引领游人行进；或者在某个转角出现，创造空间和情绪上的转换。雕塑靠形象表达含义，因昼夜光的图式发生变化，表达出内涵会略有不同。照明设计师需要考虑雕塑如何融入总体环境之中，同时突破雕塑的角色定位，能够创造出独特夜间效果。用于雕塑照明的方式各不相同，在决定如何对雕塑用光时，应先考虑下列问题：①雕塑的位置及其与周边环境的空间关系；②雕塑的特征，包括形状、细节、纹理、材质和色彩；③灯具的安装以及同其他元素的关系（图 4-34）。

1、照明视角下的雕塑分类

按照照明方式不同，可以将雕塑分为外打光雕塑和自发光雕塑两种类型。20 世纪中期前，雕塑照明仍然只有一种方式：外打光照明。随着现代照明技术的发展，出现了全新的概念——将灯具与雕塑结合为一体。无论何种照明方式，人们的审美都倾向于在夜晚创造不同于白天的视觉效果。

图 4-34 雕塑照明

2、光照方向与照明效果

上照光更易保持雕塑的自然特性。同天空光一样，上照光在纹理细部的下面创造阴影（图 4-35）。人物照明需要对人脸的三维模型有一定的认识，从下向上照射的光可以使友善的表情变得恐怖和丑陋。上照光照亮的人脸由于出现阴影，使面部表情的可读性降低，可以从侧向补光，以减少阴影，有时因为没有上照光的灯位，从下向上照射成为了惟一的选择。

图 4-35 下射光照明效果

下射光灯具如果要离雕塑过近，将产生拉长的阴影，对于雕塑的表现有消极的影响。要控制好灯具与雕塑的距离，以减少阴影。而对很多雕塑及标识物可以由机械、风力控制运动，则照明需要保证整体的造型。下照光灯具都要保持玻璃表面清洁，避免对光线造成影响。

3、雕塑照明手法

雕塑有两个基本形态：三维的和二维的。三维雕塑可以放置在从一个或更多角度看到的位置。二维雕塑通常只有一个欣赏角度。

图 4-36 上照光雕塑照明

对于三维雕塑，应使用来自不同方向且有一定变化的光线照明，以形成基本的高光和阴影，这样才会显示出形态或细部（图 4-36）。对于光源的色温和显色性也要仔细考虑。例如，铜绿色的青铜雕塑可以依光源的不同而呈现出淡蓝色、绿色或灰色。定向照明会进一步塑造雕塑，在一些区域表现出亮度层次而使另一些区域隐入阴影中。被阴影遮覆部分不应太黑，以免掩盖重要的细节。虽然亮部为雕塑表面特征提供很好的可视性，但不应耀眼或产生不舒适眩光。多视线方向的照明设计比较困难，因为人们围绕着雕塑不断移动，且从不同的位置进行观看，所以设定灯具位置和瞄准角度以防止眩光是十分重要的。多视线角度为雕塑夜景创作提供了广阔的选择，设计师可以在不同的位置创造不同的视觉效果。对于理想的照明效果，灯具也许需要围绕着雕塑，或者将最低数量的灯具放在几个点上。当缺乏足够的光照亮雕塑的全部形状时，往往不能产生良好的视觉效果。

对于二维雕塑，如果具有特殊的纹理，应使用近距离的“掠射”照明方式；如果色彩或图案作为主要外观被强调，使用“投射”照明方式。灯具的瞄准角度背离参观者。一个视觉方向通常消除了潜在的灯具眩光，但另外一个角度范围内，控制眩光仍是一个问题。当墙或树篱在雕塑背后，宜照亮这些背景以提供场景的纵深感，并为雕塑提供背景。

带有基座的雕塑，由于基座的边沿不能在底部产生阴影，所以灯具应放在远些地方，一般固定在照明杆或装在附近建筑的立面上，而不是围着基座安装。

二、标识照明

标识包括路标、方向性标识、停车场标识、人行穿越标识、某些特殊场所标识（公厕、广场）等。标识照明具有向人们传达建筑物使用信息、方位指示、交通指向的作用，其功能性和艺术性的结合，是城市夜景观中的符号性元素。（图 4-37）

标识的形式和外观各不相同，在设计上具有很大自由度，标识照明主要有发光字母、发光背景和外部照明三种基本类型。动态照明的标识很快能吸引人们的注意力，但用于高品质场所并不合适。

标识被看见的方式和环境光的水平影响了照明方式的选择。标识的反射特性指导灯具功率的选择。照明装置的外观十分重要，材料的类型和质量需要适合安装的方式，并且有维修的通路以与标识形体协调。

三、户外广告照明

户外广告是城市照明的重要组成部分，户外广告除了作为企业宣传产品的手段和途径外，夜间的广告照明也可以补偿城市公共空间的功能性照明。对广告照明设计主要从形式、形态、安装位置、照明方式、照明质量等方面考虑，根据广告的造型的多样化和安装场所，可分别采用霓虹灯、多面翻、旋转、显示屏、投影、灯箱等、动态或静态广告，它们的设置位置可以在建筑物的屋顶、墙面上，也可以独立于街面上，如地面广告和候车厅的灯箱广告。（图 4-38）

1、广告照明种类

当前广告的照明方式及形式已日趋多样化。主要有以下几种形式：

图 4-37 标识照明

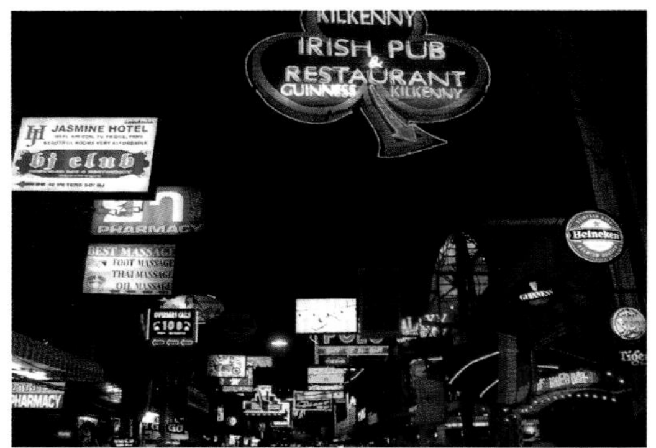

图 4-38 户外广告照明

（1）霓虹灯

霓虹灯作为夜间广告或广告招牌照明已有近百年的历史。霓虹灯广告由于其艳丽的色彩，动态的变化，在夜间能达到其他平面户外广告没有的效果，起到很好的广告效应。目前的缺陷是使用灯具防水性差寿命不长，很容易出现广告“断字缺亮”现象。

（2）投光照明

广告投光（泛光）照明是将灯具安装在广告牌上方或下方进行投射照明。使用的光源有卤钨灯、荧光灯、金卤灯和LED灯等多种。由于灯具及支架暴露影响白天景观，同时也存在较大的逸散光，因此对环境品质要求高的城市或空间，不建议采取投光照明方式的广告。

（3）灯箱

灯箱广告和标识，特别是柔性灯箱广告具有独特的优势，应用前景很好。灯箱光源采用荧光灯、LED，透光材料为胶片、磨砂玻璃、PC板等。这些材料具有透光性好、强度高、防紫外线老化和抗静电的性能。（图4-39）

图4-39 灯箱广告照明

（4）光纤照明

广告光纤照明具有传光范围广、重量轻、体积小、用电省、不受电磁场干扰，而且频带宽等优点。广告画面图像清晰，色彩鲜艳，而且图像在电脑控制下可变幻无穷。光纤标识照明由于体积小、视距大、醒目等优势，受到商家喜爱。

（5）导光管

将光导入广告或道路标识灯箱内进行照明，这种广告画面图案清晰，色彩鲜艳，检修特别方便，不需打开灯箱，维修人员在地面即可更换光源。

（6）LED显示屏

利用单个发光器作为单元组合而成的大面积矩阵视频显示系统，不仅画面亮度高，对比度大，色彩鲜艳，而且和电视一样可显示动态画面和文字。显示屏发光器种类很多，但用于户外基本都是发光二极管（LED）显示屏。目前这种广告媒体广泛用于人多的公共场所和交通要道。

（7）隐形广告和标识

利用含有荧光材料涂料绘制的广告或标识，它在自然光照射下不能显现其图案，只有用紫外光照射时，方能显现其色彩斑斓、形象逼真的广告或标识画面。这种特殊的广告形式，已在国内外不少地方应用，并收到了良好的广告和装饰效果。

（8）全息影像广告和标识

利用全息影像技影技术，其图形轮廓清楚，特别强调画面三维立体感。（图 4-40）

图 4-40 全息投影广告

（9）投影广告

在夜间将广告影像通过投影机投射到建筑立面上的一种新型广告。适合于城市中绝大多数的非居住性建筑。但由于投影机很难在玻璃上成像，所以玻璃幕墙的建筑并不适用。此外，建筑立面，或安装临时或永久性的幕布。一般投影广告机约需要 1m×2m 的空间，可在离墙 50 ～ 400m 内投出 100 ～ 300 平方米的广告图像。

2、广告照明设计

广告牌的照明设计时应该注意以下几个要素的控制：①板面的亮度；②照度分布；③光源的显色性能；④色彩效果；⑤安装位置；⑥投光方向；⑦灯具支架的外观造型及色彩。

户外广告的灯光照明有三种方式，一种是自发光，第二种是内透光，第三种是外打光。外打光的方式由于白天灯具暴露夜间存在光污染，已越来越不提倡使用。

自发光方式，如霓虹灯比较常见，但用于户外防水性低，灯具容易损坏。内透光方式值得鼓励，主要是灯箱广告。灯箱广告为了使广告画面达到最佳的效果。应该控制广告画面的亮度，并根据画面的亮度设计计算灯箱内光源灯具及安装方法。灯箱画面的均匀度是指光源附近亮度与远离与远离光源那部分亮度之比。均匀度为 1 时最佳，均匀度为 2 时是可容许的最大值，对大多数的广告灯箱均匀度为 1.3 ～ 1.5 时可达到满意的效果。灯箱广告使用的光源一般为荧光灯，为了消除箱面的“灯管影”和维持广告的亮度，灯管间距 10 ～ 15cm 较为合适。在广告照明设计中应强调环境保护的概念，慎重选择照明方式，尽可能减小户外广告照明对环境的不良影响。

第五章　室内光环境（照明）设计

第一节｜室内照明设计基本要求与方法

一、室内照明设计基础认知

1、室内照明设计的作用

室内照明是室内设计的重要组成部分，同室外光环境设计一样，室内照明设计也存在两个目的，一种是功能性照明，即照亮空间，在功能上要满足人们在不同室内空间中的生产、工作和各种活动的需要；二是情感性照明，通过灯光的合理布置与色彩的运用，满足人们心理上对室内空间需求。

室内光环境的营造对完善空间功能、营造环境氛围、强化空间特色等至关重要。室内照明设计师最主要的任务是以人为本，在合理利用自然光的基础上，运用现代科技手段，采用低能耗高光效的绿色照明产品，以合适的照明方式创造安全和舒适的室内光环境。

2、室内照明设计的基本原则

安全性、功能性、艺术性、经济性是照明设计最基本原则，围绕这四项基本原则展开具体的照明设计导引。

（1）安全性原则

首先应保证照明光源、安装及灯具运行的安全，也包括设计紧急照明系统，来指引方向并引导动线。

其次，可利用灯光，让人感知到室内空间的边界，感知空间的范围变化。如运用洗墙等方式让人看到并感知到空间的边界，或运用灯光和天花造型加以切割，让连续空间有了比较清楚的界定，明确客厅与餐厅连接处的台阶位置等。

（2）功能性原则

就是满足人适度的视觉需求，不同年龄会对于光的亮度有不同的需求，年龄越大所需要的亮度越高。不同的场合也会对亮度有不同的要求，显然电影院、餐厅和住家对亮度要求是迥然不同的。不同垂直与水平照度之比会产生不同视觉感受，控制合理的照度也利于产生舒适的立体视觉效果。好的灯光设计应该充分考量各种综合因素，提供使用者一个愉悦的视觉环境，可以让人觉得有温暖、私密的感觉，也可以营造出愉悦、放松的气氛……等等，最终易于看到与识别室内不同的环境（图 5-1）。

图 5-1 愉悦的室内照明

（3）艺术性原则

灯光的明暗对比和灯具的造型，光色的应用都可以创造不同的室内空间氛围。灯光能让人清楚看出的室内空间整体造型轮廓，通过室内空间的开敞性与光的亮度的关系和光影对比，加强空间的立体感；灯光也可通过明暗对比和阴影，强调空间之间的主次关系和空间的领域划分，突出焦点，弱化缺点；灯光更可以通过色彩的配色和设计，创造富有创意与艺术气息的环境氛围，引发人完全不同的环境感受（图 5-2）。如在许多餐厅、咖啡馆和娱乐场所，常常用加重暖色色彩，使整个空间具有亲切温暖、欢乐、活跃的气氛，暖色光使人的皮肤、面容显得更健康、美丽动人。

（4）经济性原则

首先是有效利用自然光，照明设计不应仅关注人工光的设计，而应更多地关注如何有效控制进入室内的自然光，设法让光线均匀扩散或形成某种韵律，以节约人工光源的使用。

图 5-2 光色与室内照明

其次，尽可能选用低能耗高光效的光源，控光性良好的灯具，尽可能设计最合理的照明方式，创造安全和舒适的室内光环境，在节约能耗的前提下，取得良好的照明效果。

二、室内照明设计的方法

1、光源和灯具的选择

选择光源种类和灯具形式，它涉及很多因素，如空间功能与形态、设施的种类与布局和供电网络的形式等。在选择光源灯具时，首先应当对环境的特点及光效率作出评价，并对初始投资和运行费用做出预算。其次应对光源和灯具的光谱性质、工作特点以及可靠程度作出分析考虑。作为室内光环境设计，无论是从一些需要良好辨色工作的环境，还是从舒适的角度来考虑，都对光源、灯具光色有一定的要求，在设计时，通常利用两种光源的混合照明来取得良好光色环境。

根据目前的光源种类，对不同的环境选择不同的光源。

（1）鉴于荧光灯的光源特点，在需要正确辨别色彩的工作场所（如商场、车间等）、进行长时间紧张视力工作的场所（设计室、图书馆等）以及自然采光较差，而又要进行长时间工作、学习、生活的环境，应该采用荧光灯。

（2）鉴于白炽灯的光源特点，在普通的场所或需要突出庄重、华丽以及温暖气氛的室内环境采用白炽灯或其替代光源，金卤灯和LED。

（3）鉴于其他高强度放电光源灯的光源特点，常在一些大型的室内环境（展览馆、体育场等）采用。

（4）鉴于LED的特点，除替代传统光源照明外，其丰富多彩的光色和可控性，在休闲、娱乐和商业场所室内经常使用。

2、照明系统的选择

对照明系统的理解，即使不懂得各种专业技术术语以及光度参数，但只要简化为：①照度 = 作业面上所需要的光；②亮度 = 场景照明所需要的光；③立体感 = 塑造立体效果所需要的光；三个视角去评价光环境，理解和认识照明设计的效果去选择合适的照明系统。

（1）在照明设计中，为适应不同类型的照明需要，可设置两类主要的照明系统。一类为一般照明系统，它可以既作为普通照明又作为工作表面的照明，能够在整个室内产生均匀的照度。另一类是综合照明系统，它既可以提供均衡视野的亮度，又可作为工作表面的局部照明。这两者的选择应根据室内环境的具体情况来权衡。

（2）根据综合照明系统的特点，建议在要正确辨别色彩的工作场所、进行长时间紧张视力工作的场所、具有方向性反射的场所以及要求垂直面与倾斜面上有较好照度的场所采用综合照明系统。

（3）根据一般照明系统的特点，建议在工作环境并不需要紧张视力的场所、照度要求不高（低于200lx）的环境采用一般照明系统。

表5-1 对各种场所或活动形式的推荐照度值

推荐照度（lx）	场所或活动
20	户外和工作区域
100	通行区域，简单定向或短暂停留
150	不连续用于工作目的的房间
300	视觉简单的作业
500	一般视觉作业
750	对视觉有要求的作业
1000	有困难的视觉要求的作业
1500	有特殊的视觉要求的作业
2000	非常精确的视觉作业

3、照明系统的布局方式

照明系统布局的合理与否对照明的质量有着极其重要的影响，它涉及到光的投射方向、照明的均匀性、工作面的照度、眩光的限制、表面的亮度分布、安装功率以及电能耗费等方面的因素。其布局方式有均匀布置与选择布置两类。（图5-3）

（1）均匀布置指的是照明灯具的行距与间距保持一致，以构成均匀的照度。通常是指在办公场所一般采用基础照明（环境照明）。

（2）选择布置主要是为了适应特殊的要求和分布，它适用于空间环境大而复杂的场所，在这个环境中运用选择布置，可以减少安装功率，并保证有较好的照明质量。其布局方式有相对的灵活性。在家居和商业空间、展示空间等场所通常采用的重点照明和装饰照明，照明布置方式视场景而定。

图5-3 均匀的空间照明

（3）眩光控制

对室内照明而言，眩光敏感观察区一般在偏离垂直方向45°～γ的角度范围，角度γ为：

$$\gamma = \arctan(a/hs)$$

式中 hs 为灯具在观察者眼睛上方的高度，a 为最远观察者到最远灯具的距离，γ 的最大值为 85°（图 5-4）。

控制眩光有效的方式是：①选择有适当的截光保护角的灯具；②将灯具安装在合理的高度和位置，③工作面的表面减少光线反射等以限制眩光的产生。

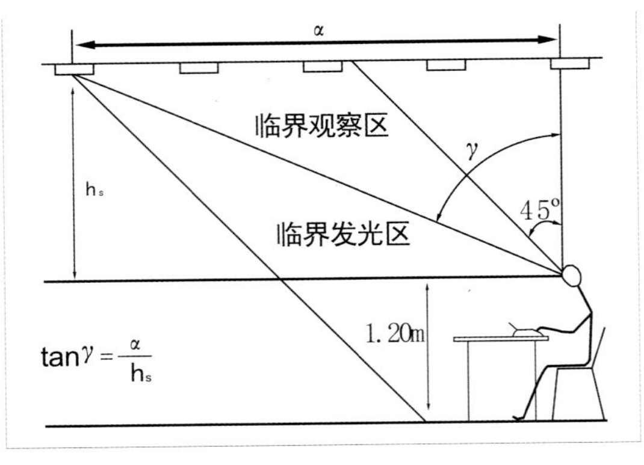

图 5-4 眩光控制示意图

三、室内照明平均照度估算

1、室内照明利用系数法计算平均照度简介

照度计算有粗略地计算和精确地计算两种。例如，假设像住宅那样整体照度应该在 100 lx 的情况，而即使是 90 lx 也不会对生活带来很大的影响。但是，如果是道路照明的话，情况就不同了。假设路面照度必须在 20 lx 的情况下，如果是 18 lx 的话，就有可能造成交通事故频发。商店也是一样，例如，商店的整体最佳照度是 500 lx，由于用 600 lx 的照度，无为地增加照明灯具数量和电量，不利经济与节能。所以粗略地估算，一般会有 20% ～ 30% 的误差，应尽可能采用专业的照明设计软件，如 dialux 等软件，进行精确模拟计算，将误差控制在最小范围内。

但由于情况特殊或场地条件所限，而不能采用照明软件模拟计算时，在计算地板、桌面、作业台面平均照度可以用下列基本公式进行：

照度（勒克斯 lx）= 光通量（流明 lm）/ 面积（平方米 m^2）

即平均 1 勒克斯（lx）的照度，是 1 流明（lm）的光通量照射在 1 平方米（m^2）面积上的光量。用这种方法求房间地板面的平均照度时，在整体照明灯具的情况下，可以用下列公式进行计算：

平均照度（Eav）= 单个灯具光通量 Φ × 灯具数量（N）× 空间利用系数（CU）× 维护系数（K）÷ 地板面积（长 × 宽）

这种计算方法称为“利用系数法求平均照度”，也叫流明系数法。

2、公式说明

（1）单个灯具光通量 Φ（或 F），指的是这个灯具内所含光源的裸光源总光通量值。

（2）空间利用系数（CU），是指从照明灯具放射出来的光束有百分之多少到达地板和作业台面，所以与照明灯具的设计、安装高度、房间的大小和反射率的不同相关，照明率也随之变化。如常用灯盘在 3 米左右高的空间使用，其利用系数 CU 可取 0.6 ～ 0.75 之间；而悬挂灯铝罩，空间高度 6 ～ 10 米时，其利用系数 CU 取值范围在 0.7 ～ 0.45；筒灯类灯具在 3 米左右空间使用，其利用系数 CU 可取 0.4 ～ 0.55。而像光带支架类的灯具在 4 米左右的空间使用时，其利用系数 CU 可取 0.3 ～ 0.5。

（3）是指伴随着照明灯具的老化，灯具光的输出能力降低和光源的使用时间的增加，光源发生光衰；或由于房间灰尘的积累，致使空间反射效率降低，致使照度降低而乘上的系数。一般较清洁的场所，如客厅、卧室、办公室、教室、阅读室、医院、高级品牌专卖店、艺术馆、博物馆等维护系数 K 取 0.8；而一般性的商店、超市、营业厅、影剧院、机械加工车间、车站等场所维护系数 K 取 0.7；而污染指数较大的场所维护系数 K 则可取到 0.6 左右。

第二节 居室空间照明

一、居室不同功能空间的照明

居室空间不仅是进行基本生存行为的场所，也是享受生活的场所，居室空间必须达到安全、健康、便利和舒适。居室光环境根据不同空间功能进行营造。

1、起居室照明

在居住面积不足的家庭里，起居室既是日常活动的场所，又是会客室。所以除去基本照明外，还需设置局部照明，例如台灯、壁灯、立灯等，除为人们的各种活动照明外，还能以其独特的照明方式丰富室内的艺术气氛。一般说来，12m^2 以上的起居室应有一个基本照明和 2-3 个局部照明。桌面、工作面的照度不应少于 150 lx。起居室的照明采用光线柔和的半直接型照明灯具较理想，其平均照度应达到 100 lx 左右。阅读和书写用的灯具功率可大些，照度应达到 200 lx。（图 5-5）

对于看电视来说则要使整个室内光线变暗，但又不能把灯全部关闭，否则眼睛很容易疲劳，所以电视机背景的亮度应达到 30 lx，周围的环境应达到 3 lx。

2、卧室照明

卧室要求有较好的私密性，所以要求光线柔和，不应有任何强烈的光刺激，以使人更容易进入睡眠状态，从而尽快地消除疲劳。卧室的平均照度不应超过 50 lx，照明形式应采用间接式或半间接式。基本照明应安置在天花正中，床头可安置壁灯或台灯，灯的功率有 25 ～ 40W 即可。台灯应放置在床头柜上，床头两侧装射灯也可以。梳妆的镜子两侧可安装小型荧光灯管或 LED 灯做的小型组合壁灯。

3、厨房照明

厨房照明平均照度应在 200 lx 左右，厨房内不仅应有基本照明，还应有局部照明。工作台面、备餐台、洗涤器各炉灶等到都应有充分的照明。贮藏柜里也应有照明，门一打开灯就接亮，门一关灯也随之关闭，又方便又省电。厨房的灯具应能防水，并应造型简单，便于清洁。

4、卫生间照明

卫生间照明平均照度应达 100 lx。如果浴室房间比较小，那么只在镜旁设置灯具就可以了；而在大浴室内则应安装基本照明，可用吸顶灯或壁灯。用于化妆镜前的灯有 25W 就可以了。浴室的水汽大对灯具防水、防潮的性能要比较高。

二、居室空间照明方法

居室灯光布置时应首先考虑使灯具布置和建筑结合起来，这不但有利于利用顶面结构和装饰天棚之间的巨大空间，隐藏照明管线和设备，而且可使照明成为整个室内装修的有机组成部分，达到室内空间完整统一的效果（图 5-6）。

1、窗帘照明

将 T5 荧光灯或 LED 线条灯管安置在窗帘盒背后，光源的一部分照向天棚，一部分向下照在窗帘或墙上。在窗帘顶和天棚之间至少应有 25cm 以上空间，用窗帘盒把设备和窗帘顶部隐藏起来。

2、檐板反光

檐板设在墙和天棚的交接处，至少应有 15cm 以上深度，灯具布置在檐板之后，光色可根据需要设计。为获得最好的反射光，面板应涂以无光白色，花檐反光对引人注目的壁画、图画、墙面的质地是最有效的。在低天棚的房间中，特别希望采用，因为它可以给人天棚高度较高的印象。

3、凹槽口照明

这种槽形装置，通常靠近天棚，使光向上照射，提供全部漫射光线，为间接照明。由于漫射光引起天棚表面似乎有退远的感觉，使其能创造开敞的效果和平静的气氛。此外，从天棚射来的反射光，也可以缓和在房间内直接光源的热的集中辐射。

4、底面照明

任何建筑构件下部底面均可作为底面照明，某些构件下部空间为灯具提供了一个遮蔽空间，这种照明方法常用于浴室、厨房、书架、镜子、壁龛和搁板。

图 5-5 起居室照明

图 5-6 卧室灯光

5、龛孔照明

将灯具隐蔽在凹处，这种照明方式包括提供集中照明的嵌板固定装置，可为圆形的、方形的或矩形的金属盒，安装在顶棚或墙内。

6、洗光照明

加强垂直墙面上照明的方式称为洗光照明，起到柔和质地和阴影的作用。

7、发光面板

发光面板可以用在墙上、地面、天棚或某一个独立装饰单元上，它将光源隐蔽在半透明的隔板后。发光天棚是其中常用的一种，广泛用于厨房、浴室或会议室等工作区域，为人们提供一个舒适的无眩光的照明。

8、导轨照明

现代室内也常用导轨照明，它包括一个凹槽或装在顶面上的电缆槽，灯具支架就附在上面，设置在轨道内的圆辊可以很自由地转动，轨道可以连接或分段处理，作成不同的形状。这种灯能用于强调被照物质地和色彩，主要决定于灯的所在位置和角度。离墙远时，光有较大范围的伸展，如欲加强被照物的表现，应离墙近些，这样能创造视觉焦点并加强质感，常用于艺术照明。

第三节｜商业空间照明

一、商店照明构成类型

每一个商场照明系统应有利于引导顾客进入商场，把顾客的注意力吸引到商品上、刺激顾客的购买欲望，满足顾客及服务人员活动的安全需要。良好的商业空间照明应按商店的布局来设计灯光，不但要提供整体的照明背景，更要有重点照明。应在每个区域设计少量的亮点，来吸引顾客的注意。商店照明非常关注客人、商品、空间的相互关系，并通过三类照明进行体现，即体现商品特征的商品照明；塑造商店形象使之具有吸引力的环境照明和营造具有特定氛围或效果的装饰照明，实现分层照明、局部照明与整体照明协调的商业空间照明引导消费者参观和观赏。（图 5-7）

图 5-7 商店照明

1、重点照明

为了使商品体现出自身魅力，从而更吸引人，需要为其配置有效的照明分析光源的照射方向，避免眩光。商品照明的目的一方面是正确显示作为商品特征的颜色、形状、质感等因素，另一方面是强调商品的形象。典型的商品照明方法包括：洗墙式照明、聚光式照明、内透光式照明等。

玻璃器皿、宝石、金属采用高亮度光源，服装、化妆品等采用高显色性光源，肉类、海鲜、苹果等，采用红色光谱多的连续光源。

2、环境照明

用来展示商店内部整个环境形象的照明通常称之为“环境照明”。环境照明还要考虑商店的形象塑造，而不仅仅只设计一个最低照度。因为建筑空间和室内设计交织在一起，需要注意的是，当从室外观看商店时会看到店内的天花板和墙面的上半部分，为给客人留下较深的印象，需要对它们的照明进行精心处理。天棚照明可具体采用嵌入式、吊灯式、吸顶式、反射式以及筒灯等照明方式。其次，为了增强店内总体照明的色调对顾客的吸引，对光源色温的选择也是非常重要的，应选择显色指数较高的光源。此外，灯具造型及其控光性能也是影响环境照明的重要因素。（图 5-8）

3、装饰照明

装饰照明是一种以吸引视线和突出风格特色为目的，主要强调以下三个方面：①灯具本身的造型及照明；②灯光的色彩及光影，如光斑、光晕效果；③灯光与空间和材质表面结合形成的舞台效果。因此利用装饰性强、外型美观的灯具，如花吊灯、线状灯、平台灯、彩色标志灯、壁灯、托架灯。天棚上将灯排成图案，反射照明以及与室内建筑照明相配合的照明图案。在控制上，通常采用开关控制与调光组合。所设计的灯光效果既要给人兴奋感，又要体现出华贵和高档次的环境品质。（图 5-9）

借助于照明手法和装饰元素能更有效地营造出所需要的照明效果，有代表性的方法包括让光源直接露出、照亮装饰物使其产生闪烁或彩色等。暴露光源的目的是为了让人看到，以形成一种明亮的耀眼效果，但需要以下几个条件配合才能达到预期效果。

（1）背景比较暗。

（2）光源亮度比较高。

（3）发光体的表面积比较小。

（4）光源的数目比较多。

图 5-8 商业环境照明

图 5-9 装饰照明

通过灯光照亮装饰物使之形成耀眼效果的典型情况是采用枝型吊灯，吊灯中的光源照亮水晶玻璃和金属杆件链饰，产生一种高贵和华丽感。

二、商业空间照明设计要点

1、追求照明布置上的平衡

商店中布置的照明往往根据主要照明目的，确定主要的合适照明方式，同时调节各种照明方式之间的关系，追求整体照明效果上的平衡。（图 5-10）

图 5-10 具有整体氛围的商业空间照明

因为商业空间的照明是同时具有多种作用的，既为某种商品提供了针对性照明，同时也为整体光环境的塑造作出了贡献。如洗墙式照明既可以为商品提供照明，也能同时兼作为环境照明。圣诞节时使用的串灯既有装饰效果，也可作为环境照明，建立他们之间的平衡关系，体现出照明的设计理念以及创造舒适的空间，这才是进行照明分类的最终意义。

2、防止货架、柜台和橱窗的直接眩光和反射眩光

商业空间中的商品陈列方式分为台式和立式两种，货架和橱窗属于立式陈列，故商业空间照明方式分为柜内和柜外两种。如果照明不当，柜台、货架和橱窗将出现令人不舒适的眩光，直接影响到消费者的购物情绪和对商店及货物品质的好感，所以防止陈列柜出现的直接眩光和间接眩光是商业空间照明必须重视的问题。直接眩光就是消费者直接看到光源，而产生的视觉不舒适。对立式陈列柜，可通于光源位置高于人体高度设置，并做好适当遮挡，在每层货柜隔板下安装光源时，做好光源的遮挡隐蔽；货柜隔板或背板发光时，应使用磨砂玻璃，形成漫射光，消除眩光。对于台式陈列柜，光照方向应与人视线方向一致，按“上照下”、“内照外”的

方式照亮货物，同时作好光源的隐蔽或遮挡。间接眩光则由遮挡货物的玻璃发生反射光造成，往往是柜外照射时发生，因此要调节好柜外照射灯具的位置，防止人的视线与光线反射重叠。

3、确定合理照明分配比例

日常，店内橱窗照明亮度采用店内亮度的3-6倍，店内流动区亮度值为1，店内侧壁亮度为2。此外店外照明采用新颖有特色的照明手法，使人产生联想且加深记忆。尽量减少室内的阴影和黑暗角落。

第四节 | 餐饮空间照明

一、餐饮空间照明的目的

餐饮照明比较注重装饰性，以营造良好的就餐气氛，因此对餐馆的照度要求通常并不高，对不同的区域要求各不相同，照度合理分布是设计师考量的重点。不同餐饮空间中的照明主题气氛不尽相同，但是就餐照明有三个相同目的：

（1）让就餐人看清楚餐品，同时也让餐品看起来更诱人。

（2）在餐馆空间营造舒适的氛围。

（3）展示和塑造就餐人的面部表情。

餐馆和酒吧的照明与住宅的餐厅有一定的相似性，但是，餐馆在餐品的种类、空间的装饰以及营业的时间等方面都是围绕着确定的目标来安排的，目的以客人在此就餐时的主观感受为中心，往往要求更有想象力和更不寻常的创造。（图 5-11）

二、餐馆照明设计要点

餐饮空间照明设计的出发点绝不仅仅是照亮而已，更重要的是结合室内空间和风格，通过光线，甚至要包括使用灯具外观的具象和抽象地将氛围、空间感以及个性化等特征淋漓尽致地表现出来。

1、强调表现餐品特质

国人对于美食的评鉴讲究色香味俱全，其中“色”这一字就要求照射食物的光源显色性足够好；另外，由于餐饮场所也是人们沟通交流的空间，照明需要能够衬托健康良好的肤色。因此，一般照明和局部照明要选用高显色指数的光源（显色指数至少在 80 以上），当餐厅档次比较高的时候，往往会要求显色指数到 90 以上。

图 5-11 高品质的餐饮空间

此外还要考虑根据不同种类的餐品餐具乃至用餐文化来选择最合适的光照方式，以便形成一个既有针对性又有特色的照明设计方案。

对于菜式／食品柜要求则比较高，照度应当满足客人对食品细节的考察，对于面包店等等，食品柜也是吸引客人前来的重点，因此一般食品柜的照度是周围照度的两倍。

2、营造舒适的空间氛围

灯光在餐饮空间创造强烈的空间氛围中起到至关重要的作用，要想营造出诸如热烈、安静、高雅、轻松、华丽等各种各样且需要感受才可名状的效果，可能只有灯光才能做得到。

（1）不同类型餐饮空间的照明

餐饮照明比较注重装饰性，以营造良好的就餐气氛，因此对餐馆的照度要求并不高，对不同的区域要求各不相同。餐饮空间通常有三种：私密的餐饮空间、休闲餐饮空间和快速消费空间。私密的餐饮空间包括西餐馆、茶吧、高档会所等等，人们聚集此地更多的是体验和娱乐，这些空间柔和高雅，整体的照度水平低，偶有特色的装饰作为视觉中心照亮，需要非常精细的照度水平和照度分布的控制。休闲餐饮空间包含了大部分的酒店与饭店，在这里品尝食物是最重要的。在这类空间中灯光的分布较为均匀，不唐突。平均照度一般会控制在 150 ～ 300 lx。快餐类的消费空间，例如学校餐厅、自助餐厅，以及大家熟知的肯德基、麦当劳等等，前来就餐的客人追求快捷优质的服务，而饭店的主人追求更大更快的客户流通，因此会采用 300 ～ 500 lx 高照度和高均匀度来体现经济与效率。三种餐饮空间中的照明都需要结合主题来烘托气氛，尤其是前两种，这需要多方面考虑来完成。对于餐饮照明来说，合理的照度水平以及照度分布，光源的显色性、灯光控制、灯具性能及外形都非常重要。

（2）不同功能空间的照明

由于餐馆或酒吧空间功能多样性，往往建筑化照明手法，有意识地采用隔断或者材料变化等划分空间。餐饮空间的照明设计中经常需要结合室内的结构来进行，如果能够合理的应用这些结构，整体的照明会更显自然，也能另辟蹊径，显得别出心裁。光以及灯具的运用可以用来分隔空间，在大的开放空间中形成局部、私密的小环境。设计师可以通过不同的光线强度、照射方向和色彩来提醒客人不同空间之间的变化，或设计不同形式的照明以满足不同功能空间的需要（图 5-12）。如在鸡尾酒会的模式下能够开启藻井静态的蓝色照明，并且关闭下照式射灯，整个大厅暗了下来，结合点缀的重点照明使整体气氛柔和私密；正餐与演讲的时段则采用白光和下照式射灯开启的模式。

（3）艺术化细节照明

针对餐饮空间构成特点，往往可在瓶架、墙面、门、天花板等处采用多姿多彩的照明手法，以此来营造一种独特的空间效果，给客人留下深刻的印象。而且，艺术化的灯光氛围也能将客人带到身心愉悦的境界。

图 5-12 富有创意的餐饮空间

3、用灯光塑造人的面部表情

在进行餐馆的照明设计时，除了要考虑明确的技术指标之外，还要关心照明所引发的情感效果，比如对立体感效果的考虑。餐馆与其他的商店不同，客人要在座位上停留较长时间，更重要的是要让客人以良好的心情度过那段时间，能否将这一点做好是评价该店品质的关键指标。在餐馆就餐时，客人之间的关系会是多种多样的，有朋友、恋人、亲人等。他们之间要长时间地进行对话，客人与店员之间也会有较多的言语交流，所以通过照明让人的面部表情得以恰当且充分显现是照明设计中必须予以重点关注的。遗憾的是，目前在这一点上做得还远远不够。所以，在照明立体感的设计中还要进行更多的研究和试验。不过切记，如果店员和客人的面色昏暗，或者脸上出现怪异的光影，这绝对是照明设计上的失败。

第五节 | 宾馆空间照明

宾馆酒店通常分为商务型和旅游度假型，从建筑特点来看，酒店内部和外部基于功能所划分的各类空间，其照明设计的共性是基本相同的。

一、宾馆照明设计原则

1、根据宾馆的风格确定光环境的风格

灯光是宾馆酒店风格的有机组成部分，灯具外观与建筑空间的协调、与装潢风格的统一是首先要考虑的。灯具的造型、材质、色泽等等都源于空间的风格，同时也影响着空间的风格。独特的灯具往往成为室内空间的表征。（图 5-13）

2、基于人的视觉对色彩的温度知觉和空间知觉，确定适宜的色温

光色如同空气弥漫在空间，浸润人们的肌肤心灵，催生人们的各种情绪。宾馆酒店需要强调自己的气质，营造自己的氛围。色温 3000K 的光源所提供的照明环境，利于营造亲切、温馨和友好的氛围，唤起客人心理层次上的认同。

3、根据不同宾馆功能区的特点合理确定亮度

宾馆饭店的空间分割比较复杂，置身于这样环境中的人们期望对他周边的空间有更清晰的认知，获得更强的安全感、现实感。这就要求照明设计也要考虑灯光的“造型”能力，力图把设施本身以及置身其中的人们表现得更为美好。

图 5-13 宾馆印象照明

4、灵活多样的个性化照明设计

宾馆客房是个性化空间，每个人希望独立的小环境。灯光的灵活控制变得更重要，这点与公共照明形成鲜明的对比。

二、分功能区域的照明设计要点

1. 大堂空间

大堂空间主要包括三部分照明区域：进门和前厅区域的照明，服务总台的照明以及客人休息区的照明。从大堂作为空间连续的整体，并从照明方式的角度分析，实际上进门和前厅部分应该是大堂的一般照明或全局照明，服务总台照明和客人休息区照明是局部照明。这些照明应该保持色温的一致性，三个区域的照明通过亮度对比，使酒店大堂这种非亲切尺度的空间，形成富有情趣的、连续且有起伏的明暗过渡，从整体上营造亲切的气氛。

（1）进门和前厅

照度要求：在离地面 1m 的水平面上，设计照度通常按照 200Lx 设计。色温要求：3000K 左右。色温太低，空间感显得狭小；色温太高，空间缺乏亲切感，并且喧闹，直接降低客人的安逸感觉。（图 5-14）

图 5-14 宾馆门厅照明

显色性要求：Ra ＞ 85。较高的显色性，能清晰地显现接待员与宾客的肤色和各种表情，给宾客留下深刻满意的印象。

关于配光：层高若超过 6m，在顶棚采用点式光源配合窄光束的照明器，提供连续的、均匀的亮度。若层高不超过 6m，可以考虑采用带状或面状的发光顶棚来处理。

（2）服务总台

照度要求：一般取 300 lx 以上的照度，突显总服务台的重要性，把客人的视线很快引向此处，另外，它还便于接待员登记和结算工作的快速处理。

色温要求：3000K 左右，与进门前厅保持一致，进一步强化亲切气氛。

显色性要求：Ra ＞ 85。

一方面是因为客人和接待员在服务台发生近距离的接触，需要健康的肤色；另一方面，需要清楚地辩认所需的各种证件。

（3）客人休息区

照度要求：一般取 100-200 lx。照度太高，人的行为将不安稳；照度太低，人的行为又过于懒散。色温要求：3000K 左右。显色要求：Ra ＞ 85。

2、餐厅空间

餐厅空间是酒店重要的照明区域。一般酒店通常设有中式餐厅和西式餐厅，这两种类型的餐厅，由于在功能、用途上的差异，所以在照明设计上就要分别对待。

（1）中式餐厅：常用于商务的或其它方面的正式宴请，所以照明的整体气氛应该是正式的、友好的，它的一般照明的照度，相比较于西式餐厅，要高出许多，照度应该是均匀的，少有亮度对比所带来的情绪波动。点式光源、条带状光源或各种类型的花灯，均可以满足良好的照明要求。为了使菜肴的质量和色调能够显现得生动好看，以引起食欲。餐桌桌面的照明是重点，最好用显色性高的光源在餐桌上方设置重点照明，若不能在每一个餐桌上方提供重点照明，那餐厅的一般照明的照度值就要设计的偏高些。（图 5-15）

另外，要对配光给予高度关注，以使照明富有立体感。在餐厅照明设计实践中，用壁灯或若干投光灯来矫正一般照明的平面化，强化照明对人的形体尤其是脸部表情和轮廓的再现。

照度要求：一般照明的照度取 200 lx，重点照明取 300 lx，色温要求：3000K 左右，并且要求光色统一协调。显色要求：Ra ＞ 90。

（2）西式餐厅：西式餐厅常用于非正式的商务聚餐，或者是就餐人的关系较熟悉和密切的用餐场所，所以它照明的整体气氛应该是温馨而富有情调的，它的一般照明的照度值，都较中式餐厅低很多。另外，由于就餐的非正式，所以它可以不要求对人的面部和表情的照明，但餐桌桌面的重点照明依然要令菜品生动亮丽，并且要让就餐者方便取用，所以它的显色性是很重要的。（图 5-16）

照度要求：一般照明的照度取 50-100 lx，重点照明取 100-150 lx，色温要求：3000K 左右，并且要求光色统一协调。

图 5-15 中餐厅照明

显色要求：Ra ＞ 90。

3、客房空间

图 5-16 西餐厅照明

酒店客房应该像家一样，宁静、安逸和亲切是典型基调。

（1）照度要求：一般照明取 50-100 lx，客房的照度低些，以体现静谧、休息甚至懒散的特点。但局部照明，比如梳妆镜前的照明，床头阅读照明等应该提供足够的照度，这些区域可取 300 lx 的照度值。办公桌的书写照明由台灯提供，是人性化的照明考虑。

（2）色温要求：3000K 左右。在卧室需要暖色调，用 3500K 以下的色温。在洗手间可以提高色温，以显清爽和洁净，用 3500K 左右。

（3）显色性要求：Ra ＞ 90。较好的显色性，能使客人增加自信，感觉舒适良好。

第六节 | 办公空间照明

一、办公空间照明的特点

办公室是进行视觉作业场所，也是需长时间停留的空间，其使用时间几乎都是在白天，因此照明的设计应该考虑自然光的因素，将人工光与天然采光结合设计而形成舒适的照明环境。办公室照明一般采用光盘支架，也可以配以嵌入式筒灯，应尽量采用光源内嵌式灯具，避免办公时眼睛能看到光源，营造舒适的办公环境。总体上采用以整体照明为主还是以局部照明为主的方案，需要根据其功能、业主喜好、环境条件等综合考虑。办公室照明除了要考虑光源色温、显色性以外，更需考虑办公室的平均照度、舒适性、均匀度及安全性。当然，还应考虑整个照明系统的性价比。

二、办公室分区照明设计要点

办公室的照明设计应根据不同的办公室场所而有所不同，办公场所常分为前台接待区、开放办公室、私人办公室、会议室、办公走廊、办公室休息区等。

（1）前台接待区

前台接待区是客户接触公司的第一个地点，前台接待区的墙面上一般都有公司的名称和企业标识，对于这些都可以使用射灯重点照明；另外通过提高服务台（前台）上的照度，从一开始就将访客的注意力吸引到前台。要考虑提高主要墙面和行人面部的垂直照度，要清晰地看到人的表情。可选用显色性＞80，色温为3000～5000K左右的筒灯、天花灯、支架灯等灯具。（图5-17）

图5-17 前厅接待区照明

（2）综合办公区

综合办公区是集中办公场所，光线要求较为均匀而且无眩光，可选择带有格栅或漫射遮光板的灯具。通常选用显色性＞80，色温

4000K ～ 6000K 的 T5、荧光灯、节能灯等节能化、小型化、长寿命光源。

（3）会议室

会议室场所对灯具的质量要求比较高，数量也比较多，一般基础照明可以采用直管荧光灯（显色性也能满足其要求）。考虑辨别人脸部的表情所需的合适亮度为 240cd/m^2，所以人面部的垂直照度应在 170 lx 左右为宜。灯具要采用低眩光高光效的。小会议室的照明可以采用安有节能灯的灯具实现。当会议室使用白色演示板时，应当为其提供具有垂直照度的特殊照明。（图 5-18）

（4）办公室走廊

办公室走廊由于仅有行走及通过的视觉要求，根据办公室的照明等级，走廊的常规照明可以在办公室空间照度的 1/3 左右，约 100 ～ 200 lx 之间。常用的照明方式是采用荧光灯照明。

三、办公空间照明标准

1、平均照度

平均照度用来衡量某一场合的明亮程度。根据办公室各功能区照明要求不同，采用表平均照度推荐值。

平均照度（lx）= 流明（Lm）X 利用系数 X 维护系数 / 面积

表 5-1　办公空间各功能区平均照度推荐值

平均照度（lx）	场所
1000-1500	制图室， 设计室
500-800	高级主管人员办公室， 会议室， 一般办公室
300	大厅， 地下室， 茶水室， 盥洗室
200	走道，储藏室，停车场

2、利用系数

利用系数——照明设计必须要求有准确的利用系数，否则会有很大偏差。影响利用系数的大小有以下几个因素：

①灯具的配光曲线

②灯具的光输出比例

③室内的反射系数（天花板，壁，工作桌面）

图 5-18 会议室照明

④灯具排列

3、维护系数

照明设计要考虑到灯具使用一定时间后的平均照度是否能维持标准，所以要考虑维护系数。影响维护系数有以下几个因素：

①光源的衰竭值

②光源及灯具粘附灰尘

③灯具部件的老化或氧化

4、舒适度

室内照明明暗的对比。如室内明暗对比太大，会造成很多的阴影。因此安装灯具的数量，不能单靠经验的判断，要灯具制造商先提供技术性资料，用电脑辅助设计来计算所需要的灯具数量，均匀度等，以达到最适当之照度。（图 5-19）

5、均匀度

均匀度 = 照明区域内最低照度值 / 照明区域内平均照度值。

6、安全性

安全性要考虑到灯具的品质、镇流器、启动器、电线及其零件是否合乎国际及国家标准，以免采用不合格的灯具造成漏电伤及人员或火灾而危及整栋大楼。

图 5-19 办公室照明

第七节 美术馆和博物馆空间照明

对于美术馆和博物馆来说，为了让人欣赏展品，所设计的照明需要能够忠实反映展品的颜色和形体特征，同时，还要避免使展品受到损伤。此外，由于此类场所设施的公益性和公共性，所设计的馆内照明设施还要保证非专业观众都能使用。

一、美术馆和博物馆照明特点

1、有助于观赏的照明

为了更忠实地表现展品的颜色，必须采用显色指数高的光源。在展览空间采用天然光，不仅有利于颜色的再现，而且还能给观众带来好心情。因此往往强调天然采光与人工照明的系统集成，但是出于保护展品的需要，对展厅的天然采光也需要加以相关的限制，必须利用百叶窗、格栅、窗帘或别的遮挡物就可阻止直射阳光进入陈列室，同时也要处理好隔热、空调负荷不能过大等问题。

由于高显色性光源的研制以及照明方法的多样化，近年来人工照明已逐渐成为展览空间的主流。采用人工照明时，要保证展品画面照度均匀、要兼顾展品亮度以及使展品与其周边环境保持合适的亮度对比关系，对雕塑等立体展品要具有适度的照明立体感。同时，注意正确的投光方向进行光造型，特别是对一件造型艺术品的照明，可以通过选择适当的光源，调整光照射方向等手段，照明光线的方向性不能太强，否则会出现令人不愉快的生硬的阴影；但是光线也不应当过分漫射，以致被照物体完全没有立体感，造型平淡无奇。（图 5-20）

图 5-20 博物馆空间照明

2、尽可能减少展品损伤的照明

使展品受到损伤的光是紫外线和红外线，因此必须将引起色彩褪化的紫外线减少，选用隔热灯具。展品损伤的程度与照度和照明时间成正比，100 lx 的照度作用于展品1000小时的破坏程度相当于50lx的照度作用于展品2000小时。所以，即使选择了较低的照度，但如果照明时间较长，也可能会对展品造成损伤。为了控制照明的时间，需要精心安排照明方案，配备合适类型的红外移动传感器（图5-21）。为了保护展品，需要降低空间的照度，但在比较暗的地方又难以观看细小的文字和装饰，也难以分辨色彩。为了满足研究人员的工作和美术专业学生临摹学习的需要，需要专门设计一些明亮的展览空间。即使是对于普通观众，为了能让他们在良好的情绪中精神饱满地观赏展览，也不应该使空间过于昏暗。因此，在照明设计中应该寻求既能以低照度来保护展品、又能满足观众观赏需求的方案。

图5-21 保护展品的照明

不同展品具有不同的光敏特性，照度应控制在展品照明时的照度容许值范围内。不同国家照度容许值不同，如日本的标准与英国和法国的标准进行比较，可以看出日本标准规定的照度容许值较高。因此，当从海外借用展品进行展览时，必须留意并遵守海外的标准规定。

利用光纤进行照明也是一种大量应用于展览照明中的手法。这种照明几乎没有紫外线和红外线照射到展品上，非常有利于展品的保护。此外，光纤照明还具有灯具体积小、因而不占用空间，灯具与光源分离、因此使得更换光源等维护工作更便于进行等优点。光纤照明中的光束比较窄，使得其照射位置和范围容易控制，因此，更有利于设计出理想的照明方案。

二、美术馆和博物馆照明设计要点

博物馆的照明设计根据国家文物局制定发布的《博物馆照明设计规范》中就对博物馆的照明质量与展品保护提出了要求。比较明确的照明质量的要求包含照度均匀度、眩光限制、照明光源的颜色特性、三维展品的立体感的表现以及对展室表面光反射特性的要求等。

1、做好参观展览的照明衔接过渡

观众进入博物馆时，必然是从明亮的室外（其水平照度可能高达100000 lx）进到相对较暗的展室（其照度只有50 lx－300 lx），如果中间没有一个过渡区域

图 5-22 过道照明

（门厅），就不能满足视觉暗适应的要求，开始时无法看清展品。因此，只能通过设置视觉适应的过渡区把观众的适应亮度压低，才能使 50 lx 低照度的展室看起来仍然明亮（图 5-22）。而在各陈列室之间可能因为展品的不同而有不同的亮度，观众在不同的展室之间走动时，所看见的亮度就有一个变化的范围和变化的方向问题，比如，从低亮度到高亮度或从高亮度到低亮度。 在大多数展厅中，只要把光集中到墙壁的画面上而不是地板或顶棚上，从墙壁反射的光已足以使观众在陈列室中顺利通行，有利于使观众把注意力集中到展品上，一般要求展品与其背景的亮度比不宜大于 3 ∶ 1（图 5-23)。对于展室、陈列室而言，照度均匀度的要求如下：①对于平面展品，最低照度与平均照度之比不应小于 0.8，但对于高度大于 1.4 m 的平面展品，则要求最低照度与平均照度之比不应小于 0.4；②只有一般照明的陈列室，地面最低照度与平均照度之比不应小于 0.7。

2、合理选择照明使用的光源

图 5-23 集中于展品的照明

根据《博物馆照明设计规范》，应选用色温小于 3300 K 的光源，同时在陈列绘画、彩色织物、多色展品等对辨色要求高的场所，应采用一般显色指数（Ra）不低于 90 的光源作照明光源。对辨色要求不高的场所，可采用一般显色指数不低于 60 的光源作照明光源。对于三维立体展品，应通过照明方式的组合使用来表现其立体感。同时，因为紫外光对物质有很大的破坏性，博物馆照明中要选用紫外光辐射少的光源或者在灯前采取隔绝紫外的措施。

3、进行较好的眩光限制

（1）在观众观看展品的视场中，不应有来自灯具或窗户的直接眩光或来自各种表面的反射眩光；

（2）观众或其他物品在光泽面（如展柜玻璃或画框玻璃）上产生的映像不应妨碍观众观赏展品；

图 5-24 博物馆无眩光照明

（3）对油画或表面有光泽的展品，在观众的观看方向不应出现光幕反射。目前一般采用在“无光源反射映像区”内布置光源，一方面能避免反射眩光，另一方面又能使较厚实的展品（如有画框的绘画等）不至于产生阴影。（图 5-24）

4、针对不同展品特性进行照明设计

展品材料本身吸收和抗辐射能力的大小，不同性质材料的物品对光的敏感程度不同，根据不同敏感度的展品，考虑使用不同的光源和照度。对光损伤不敏感的展品，照度可较高；对光敏感的展品照度就要受到限制，一般不超过 200 lx；而对光特别敏感的展品，应保持低照度照明，一般应在 50 lx 以下，在关闭展览时应使作品处在黑暗条件下。对于敏感和特别敏感的材料，应设法减少曝光时间。例如，只在有人参观时才开灯、展品上加盖子、利用复制品、放录像、定期更换展品、在非展出时间让展品处于黑暗的环境之中等措施。把对光特别敏感而且属于特别珍贵的文物保存在特制的展柜或特别设置的展室里，有利于保护这些文物。

第六章　光环境规划与设计阶段及编制深度

第一节｜光环境（照明）规划阶段编制内容与深度

城市光环境（照明）规划是以城市总体规划为依据，指导城市照明总体布局、建设、管理的法定性文件，是引导城市照明向“绿色照明”方向发展，控制光污染、减少照明的能耗，并构建城市夜间景观形象的规范性文件。作为城市总体规划的专项规划之一，经政府批复后实施，是城市照明主管部门在照明领域的决策和部署的技术参考和依据，也是具体照明项目设计审批的重要依据。

一、城市光环境（照明）专项规划的任务

城市照明是关乎市民安居乐业和夜间旅游休闲消费的重要城市基础设施，它包括功能性照明和景观性照明。路灯功能性照明为城市夜间经济、社会、休闲活动提供安全、便利、舒适的保障；景观性照明则可以美化城市形象，促进夜间消费，繁荣城市经济，提升环境生活品质。

城市照明专项规划应当根据城市经济社会发展水平，结合城市人文条件、景观环境、商业和旅游布局，按照城市总体规划确定的城市功能分区，对不同区域的照明提出引导和控制要求；提出城市夜间“点、线、面”景观框架体系，并对各组成部分提出规划控制要求。

城市照明专项规划分为城市照明总体规划和详细规划两个阶段。一般设区的县级以上城市，应根据城市照明建设需要，编制重点区域的城市照明详细规划。

光环境规划成果应当包括规划文本、规划图纸和附件三部分。规划文本是实施城市照明专项规划的行动指南和规范，应以法规条文方式书写，直接表述城市照明专项规划的规划结论。规划文本条文内容应明确简练，利于执行，体现规划内容的指导性、强制性和可操作性。规划图纸的内容应当与规划文本保持一致。附件包括

规划说明书、基础资料汇编、历次规划审查会议纪要及修改说明等。规划说明书是对规划文本的说明，是对规划内容的分析研究和对规划结论的论证阐述。基础资料汇编主要是整理汇编规划工作中涉及或使用的各相关基础资料、数据统计、参考资料、论证依据等内容。规划成果表达形式包括书面和电子文件两种。

二、城市光环境专项规划编制深度

1、规划文本

（1）总则。包括规划范围、规划期限、规划目标、规划原则、规划依据等。

（2）规划总体布局。包括城市照明总体格局、城市照明空间分区、动态照明控制等。

（3）城市景观照明空间结构。包括景观照明空间系统构成、景观照明重点区域—面、景观照明重点路径—线、景观照明重要节点—点、城市景观照明重要标志—城市地标。

（4）城市重要载体照明规定。建筑景观照明、户外广告标识照明、道路功能照明及其它载体景观照明技术规定。

（5）绿色照明规划技术规定。包括新能源、光源、灯具、智能控制系统等照明技术规定。

（6）城市照明供电工程规划。对城市照明的供电工程做原则性的安排。

（7）建设时序安排。包括近期、中期和远期建设任务。

（8）规划实施措施。包括政策措施、行政措施、经济措施以及技术措施等。

（9）附则。包括规划成果的构成、生效日期、解释权等。

2、规划说明

（1）项目概况和规划范围

①项目概述：说明项目的背景、目的、意义和规划范围等；

②明确编制任务：摸清现状；明确规划重点；提出规划要求。

（2）城市照明现状

包括道路照明和景观照明现状情况，及存在问题分析。

（3）规划依据和发展目标

国家、省市相关规范，上位城市总体规划资料及相关规划设计资料；城市政府及有关主管部门对照明方面的要求。

依据城市城市总体规划，明确城市照明发展战略和目标，确定夜景形象定位和风格。

（4）规划总体构思

包括规划原则和规划编制技术路线等，应体现超前性、整体性原则、可操作性原则、节能低碳原则及经济节约等原则。

（5）夜景照明空间管控规划

①城市照明分区规划，按照城市不同功能区，如中央商务区、居住区、工业区等，结合夜景照明需要进行夜景照明分区，分别确定高亮度区域、中亮度区域和低亮度区域的照明定位、亮度控制等。

②城市动态照明控制：从防止对居民产生光干扰出发，确定动态照明宜出现的区域，如在繁华商业街区或者城市重要景观界面等特殊局部区域等。

（6）夜景照明空间系统构成规划

①夜景照明实施重点区域——面（包括城市商务中心区、区级商业中心区等构成城市夜间旅游、商贸、休闲等重要的功能区域）

②夜景照明实施重要路径——线（包括城市景观道路、商业街区、线性滨水地区等重要城市夜游路径）

③夜景照明实施主要节点——点（包括城市地标、重要广场、公园、桥梁、景观节点等城市夜间标志）

（7）城市照明分项技术规定

①道路照明规划技术规定

根据城市道路分类分级，对车行道、步行道进行道路照度、路灯选型等进行统筹的技术规定。

②建筑夜景照明规划技术要求

根据建筑功能、风格等分类，提出宏观原则的照明技术规定要求。

③户外广告照明技术要求

对户外广告照明从城市总体夜间形象的角度提出规划技术要求。

（8）夜游组织

从组织夜间游览线路的角度，串接城市主要夜景照明区域、线和景观节点。

（9）照明分级与控制

按平日、一般节假日、重大节日等时间段进行照明分级和开灯时间控制设计，并统筹考虑特殊景观照明和临时彩灯设置。通过照明控制系统，推进城市照明数字化、信息化、智能化管理。

（10）绿色照明规划技术规定

从城市照明宏观战略的角度，对新能源、光源、灯具、智能控制系统等照明技术规定。

（11）建设时序安排。包括近期、中期和远期建设任务。

（12）规划实施措施。包括政策措施、行政措施、经济措施以及技术措施等。

3、规划图集

（1）规划范围图

（2）城市照明总体格局图

（3）城市照明亮度、色彩分区控制图

（4）动态照明控制图

（5）景观照明空间系统构成图

（6）景观照明点、线、面、地标等区域分布图

（7）城市道路照明等级规划图

（8）夜游组织图

（9）城市照明分级控制图

（10）近期建设项目分布图

（11）远期建设项目分布图

（12）规划设计意向效果图

（13）其他有需要图纸

第二节 | 光环境（照明）设计阶段内容与编制深度

照明设计过程与建筑设计、景观设计或室内设计等一样，大致分为三个阶段：方案设计、初步设计和施工图设计。每个阶段照明设计师需要做的工作重点、所要表达的观点和提交的图纸都是不同的。只有设计过程的规范化，才有助于项目的顺利实施。

一、方案设计阶段编制深度

方案设计阶段在设计过程中是第一个环节也是最重要的阶段，它消耗时间与精力最多，既要同项目有关的各个主体进行沟通协调，又要对设计现场进行深入调研，还需要给出多种可行性方案。在实际项目中，按照实际需要方案设计往往又可分为两个阶段：概念性方案设计和方案设计。

（一）方案设计阶段考虑的主要问题

方案设计阶段主要考虑以下四个方面的问题：

1、功能性（确定亮度、照度）：考虑设计对象空间特性及活动方式；确定空间的焦点和背景区域；确定空间介质的色彩及反射特性；分析空间使用者的年龄组成。

2、艺术性（确定光色、光分布）：在满足功能的前提下，考虑基于美学、心理学的情感因素的引入，确定光的色彩和光在空间的布置。

3、技术可行性。考虑功能性和艺术性的设计构思在技术上可行性，且符合绿色节能环保节约的原则。

4、经济合理性。设计考虑到成本控制和后期运行成本，确保整个项目具有高性价比。

（二）方案设计阶段主要任务

1、明确设计需求

（1）掌握业主对照明设计的预期。

照明设计师的主要服务对象是业主，所以与业主的沟通，得到业主的认同至关重要，这也是衡量设计师的服务意识和职业道德的重要方面。

了解业主委托照明设计的原动力。室内外光环境定位的需要、室外活动的需要、地产增值的因素、表达业主的品位、树立公司的形象等，业主对于自己头脑中纷繁的想法通常不能清晰描述，应逐步引导业主整合出对于照明的期望。

了解业主对于光环境欣赏品位和喜好风格。

（2）与其他设计团队进行沟通。

多数项目都是由若干个专业设计团队来完成的：建筑师、室内设计师、景观设计师、喷泉设计师、照明设计师、工程师（结构、机械、电气、土壤）以及其他专业设计人员。需要考虑每个专业将如何影响照明设计，照明设计师要与其他设计团队及其成员间建立起合作的关系，以调整同他们之间的合作关系，倾听来自他们的声音。

在项目开始之前，仔细学习与项目有关的所有图纸。从主体设计师（建筑师、景观师或室内设计师）处获得的图纸包括：建筑设计、景观设计或室内设计的总平面图、立面图、剖面图、透视图、电气平面、种植平面、施工细部图等。主体设计师通常是设计团队的领导者和协调人，他们也是团队中最能理解照明设计的人，对于主体设计师的意见要给予充分的尊重和重视。

（3）明确设计对象在夜晚的使用方式。

①使用群体对灯光的需求；

②活动方式对于灯光是否有特殊需求。

2、分析存在问题

（1）分析现场存在的问题。对于现状照明情况、灯具设备使用情况、供电情况、控制技术等进行分析评价；了解地段内的安全状况，明确潜在的安全隐患；了解地域的气候特性对夜间活动的影响。

（2）分析其他团队的设计中存在的对照明产生影响的问题。

3、提出设计思路（或概念）

提出设计指导思想和设计定位（或主题）及效果。通过整合所获得的上述信息之后，逐步归纳照明设计的指导思想。根据相关法律法规、规范和标准，根据业主的喜好及使用者要求，基地的物理属性和空间的使用方式等，分析传达出照明所要表达的主题及效果。

提出灯具设备选型。根据设计概念及效果，提出灯具的种类和技术性能，进而决定电气设备和控制系统的方案。

每个概念设计方案都要结合预算进行说明，同时提供基本电力费用预估。预算包括设计费、器材费、安装费和维护费。设计费依据设计的难易程度、工作量、地方标准而制定（我国目前尚未制定照明设计收费标准）。业主最具参考性的意见之一即是预算，对于造价的精确控制是照明设计师一项重要的专业技能。设计师在概念设计阶段应该向业主提供一份基本的预算信息，帮助业主作出初步的预算，以避免与业主的想法发生矛盾而造成设计时间的浪费。

确定设计工期。照明设计师进入设计状态的时间应在主体设计初步设计完成前。照明设计将影响其他的设计领域，包括结构、构造细部及种植规划等，且必须随着方案的改动同步进行。其中方案设计的周期最具弹性，对于最终的效果也最为重要，照明设计师应该为设计工作尽量争取时间。

（三）方案设计编制内容

概念性方案设计提交的图纸为概念图，用于向业主表达设计理念，其形式和内容并无严格的规定。概念图最好能够简单明了地表达设计理念，应能表达有关光源选择和布置的信息，应当包含灯具的投光方向、色温、光束角、光强度等具体信息。

设计师可以提出多个设计概念，供业主选择，有时也可通过模型向业主展示预期的照明效果。将倾向性概念设计方案进行深化，形成较为完整的设计方案，完成相关图纸和文字、预算的规范表达。

1、文本说明

（1）项目概况和设计依据

①设计依据及基础资料：摘述方案设计依据资料及批示中与本部分有关系的主要内容；有关主管部门或业主对照明方面的要求。（设计总说明已经阐述的内容可以从简。）

②项目概述：说明项目的名称、位置、周围环境情况；项目现状照明情况，包括灯具、电气及控制设备等保留和整改情况。

（2）照明设计

①对室外光环境设计主要关注功能性照明和景观性照明两个层面的设计。

a、功能照明设计。说明如何因地制宜对功能性照明进行设计。具体根据机动、步行交通安全需要或室内、室外工作、生活的亮度指标，提出光的照度、亮度、均匀度与色彩等设计指标，并提出相应灯具电气设备选型。

b、景观照明设计。根据绿化植被、环境雕塑小品、环境设施等环境景观元素，或根据建筑功能形态与结构，亦或根据室内空间功能与陈设等，提出光的照度、亮度、均匀度、色彩、设置数量等设计指标，并提出相应灯具电气设备选型。

②对室内光环境设计则需关注空间的、重点照明和装饰照明三个方面的设计。

a、基础照明设计。根据空间功能与性质以及相关技术规范要求，确定空间基本照度、亮度、色温以及显色性的选择，并提出相应灯具电气设备选型。

b、重点照明设计。确定需强调照明空间区域或物体的照明方式、照度、亮度、色温以及显色性的选择，确定在水平面尤其是垂直面与基础照明亮度比例关系，并提出相应灯具电气设备选型。

c、装饰照明设计。确定定向照明的对象和效果层次、风格等，设计特定的照明方式、照度、亮度、色温以及显色性的选择，与其他照明的明暗关系和色彩变化等，并提出相应灯具电气设备选型。

（3）供电电气及控制设计说明。

（4）设备清单及设计估算。

（5）主要灯具设备技术经济指标

（6）其他必要的说明

2、设计图纸

（1）区域位置

（2）场地范围和四邻环境的关系分析图

（3）平面、立面光分布现状分析图

（4）供电系统现状图

（5）各功能区域灯光平面布置（标出需要用灯光表达的载体）。如：场地内道路、停车场、广场、绿化、雕塑、小品及建筑的灯光平面布置。注明亮度、光色、灯具种类及主要参数。

（6）各功能空间立面光分布图。如：建筑立面光分布、植物、小品、雕塑及功能性路灯、庭院灯等光分布图。注明亮度、光色、灯具种类及主要参数。

（7）电气设计图。电源接入点位置、供电系统图。

（8）根据需要补充：控制系统图。

（9）效果图

二、初步设计阶段设计内容及深度

（一）初步设计阶段主要任务

方案设计得到业主书面认可后，需要进行深化设计，也就是初步设计阶段，研究探讨预期效果如何实现。初步设计应明确建设目标、建设标准和工程规模，应能够控制工程投资。应表示出灯具设备的安装位置；应说明各类灯具的规格和技术参数；需对灯具进行改造的，应给予针对性说明；应明确设施建设或改造可能产生的影响及相应措施。

照明设计师这一阶段所需考虑的问题主要包括两个方面：

1、技术可行性：灯具品种、规格、附件、参数、电气设备、控制技术和安装位置等。

2、经济合理性：考虑近、中、远期项目阶段性实施计划；确定可替代设备，控制成本；明确维修方式；控制能耗。

照明设计师要与灯具生产商协商灯具的外观与载体的匹配性，要与建筑师、室内设计师、景观设计师和电气工程师等其他专业设计人员探讨灯具和管线等安装的协调与整合。也需要与业主沟通，比较各类不同品牌的产品，将造价控制在预算范围内，明确投资概算。

（二）初步设计编制内容

初步设计编制内容大都与方案设计阶段相同，但在设计深度有所不同。

1、文本说明

（1）项目概况和设计依据

①设计依据及基础资料：摘述方案设计依据资料及批示中与本部分有关系的主要内容；有关主管部门或业主对照明方面的要求等。

②项目概述：说明项目的名称、位置、周围环境情况；项目现状照明情况，包括灯具、电气及控制设备等保留和整改情况。

（2）照明设计

①对室外光环境设计主要关注功能性照明和景观性照明两个层面的设计。

a、功能照明设计。根据机动、步行交通安全需要或室内、室外工作、生活的亮度指标，通过光度计算，确定光的照度、亮度、均匀度与色彩等设计指标，并提出相应灯具电气设备选型及设备清单。

b、景观照明设计。根据绿化植被、环境雕塑小品、环境设施等环境景观元素，或根据建筑功能形态与结构，亦或根据室内空间功能与陈设等，通过光度计算，确定光的照度、亮度、均匀度与色彩等设计指标，并提出相应灯具电气设备选型及设备清单。

②对室内光环境设计则需关注空间的、重点照明和装饰照明三个方面的设计。

a、基础照明设计。根据空间功能与性质以及相关技术规范要求，确定空间基本照度、亮度、色温以及显色性的设计指标，并提出相应灯具电气设备选型及设备清单。

b、重点照明设计。确定需强调照明空间区域或物体的照明方式、照度、亮度、色温以及显色性的设计指标，确定在水平面尤其是垂直面亮度设计值，并提出相应灯具电气设备选型及设备清单。

c、装饰照明设计。确定定向照明的对象和效果层次、风格等，设计特定的照明方式、照度、亮度、色温以及显色性的设计指标和实现方式，并提出相应灯具电气设备选型及设备清单。

（3）电气及控制设计。

（4）设备清单及设计概算。

（5）提请在设计审批时需要解决的或确定的主要问题。

①有关规划、建筑、结构、电气设备等不同专业应该协调的问题。

②总概算存在的问题。

③设计选用标准的问题。

④主要设计基础资料和施工条件落实情况等影响设计进度和设计文件批复时间的因素。

2、设计图纸

（1）区域位置

（2）场地范围和四邻环境的关系分析图

（3）平面、立面灯具分布现状分析图

（4）供电系统现状图

（5）各功能区域灯具平面布置（标出需要用灯光表达的载体）。如：场地内道路、停车场、广场、绿化、雕塑、小品及建筑的灯光平面布置。注明亮度、光色、灯具的主要参数、种类和数量。

（6）各功能空间立面灯具分布图。如：建筑立面灯具分布、植物、小品、雕塑及功能性路灯、庭院灯等灯具分布图。注明亮度、光色、灯具的主要参数、种类和数量。

（7）电气设计图。电源接入点位置、供电系统图。

（8）根据需要补充：控制系统设计图。

（9）效果图：应根据项目的具体设计内容而定。

3、概算

概算是初步设计阶段重要组成部分。概算的编制依据国家有关法律法规、政策和定额等文件，以及能满足编制概算的各专业经过校审并签字的设计图纸、文字说明和主要设备表。

三、施工图阶段设计内容及深度

（一）施工图设计阶段主要工作任务

施工图阶段，照明设计师主要是与灯具设备供货商、与各个专业设计在施工安装上的协调。灯具等各类照明设施要准确定位，要提供安装详图和大样图，要提供照明设施的细节图纸及有关安装说明。此外包括设备供货方的联络资料。

（二）施工图设计编制内容

照明设计施工图与电气施工图一样，出图必须要有电气设计资质的单位签章，出蓝图。一般包括以下图纸。

1、规范目录索引，相关照明设计规范。

2、灯具等各类照明设施的准确定位布置图。

3、提供照明设计细节图纸及说明书。

4、灯具及照明设备的细部规格及细节图。

5、照明电气设计施工图。

6、照明控制系统配置平面及系统分布图。

7、照明控制系统表及规范。

8、灯具及照明设备材料统计表及预算书。

9、电费估算表。

10、图纸中须包括指北针、比例、图例、图签。

其中，灯具的细部规格包括安装方法、三维尺寸、材料及表面处理方式，光源的数量、类型及安装方式，反射器、棱镜的构造及其光分布特性，灯具附件（镜片、格栅、遮光罩和防护装置等）及其安装方式，灯具安装高度，调节和瞄准的能力及其锁定技术，防水防尘等级，镇流器特性（噪声级和功率因数），变压器特性（尺寸、类型）。

第三节 | 设计后期服务

照明设计师向业主提交完整的施工图设计成果后，为了确保设计“落地”，还需要配合工程推进环节，提供设计后期服务。

一、工程招标及施工阶段

1、灯具选型与招标

照明设计师提交的用于招标的灯具选型一般包括三种方式：推荐单一品牌、推荐多品牌、性能选择。三种方式各有其优缺点，有时受产品限制，需要三种方式组合。但通常情况下对于每个项目，往往选择一种方式：

（1）单一品牌选型方式对于每种灯具只列出一个可供选择的制造商。这种方式的优点是向业主提供了最高质量的产品或者最适合该项目的产品。缺点是它的费用可能会高于几家竞标的结果。这种做法一般不被公共项目允许，通常用于私人项目。

（2）多品牌推荐方式对于每种灯具通常列出 2 ～ 4 个可供选择的产品，给业主带来的好处是可以通过品牌的竞争而压低价格，减少业于支出，但前提是技术性能参数具有可替代性。缺点是某些灯具的技术参数没有可替代性，但又非要提供备选产品，其性能可能在一个或多个方面存在差异，将会影响最终效果。

（3）性能选择是最为客观的一种方式，设计师提供灯具构造细节及光学性能，并不列出灯具品牌。但需要在评标的过程中，投标单位提供样灯进行试亮，并需要用仪器测试光学参数，对于所有不能满足要求的灯具给予严格排除。这种方式通常用于政府项目或者大型的商业项目，为所有的承包商和制造商提供公平、公正的均等机会。

2、招标过程相关工作

（1）与电气工程师确认控制系统、负荷。

（2）制作并提交定案通知书（若需要）。

（3）提供招投标所需各类图纸。

（4）提供竞标厂商资料。

（5）协助业主召开招标会议，对设计进行说明。

（6）检查各灯具厂商提供之灯具样品及施工大样图。

3、施工管理阶段相关工作

（1）做好随时进行咨询的准备。

（2）合理安排现场视察。

（3）对灯具安装缺点进行协调和处置。

（4）完成现场灯具及照明设备的设定与对焦调整。

（5）做好设计变更的记录。

二、现场调试及工程验收阶段

当接近施工尾声的时候，工程承包商会进行照明设备的瞄准、调节和调试。

瞄准和调节的工作必须在夜间进行。在调试过程中做出的决定，直接影响照明设计效果的实现。为了提高这一过程的实效性，调试计划最好由照明设计师来制定，列出工作的流程，标明每项工作需要多少人手以及何种技艺，并对每位参与者进行解释。例如，当在树上设置大量灯具时，需要使用专门的修枝剪刀，携带专门的爬树装备。设计师需要确认所有装备和必需的供给被带到现场中来。

在调试过程中，工程承包商在照明设计师的指导下调整每个灯具以达到理想的效果。调试包括：增加棱镜以改变光源的光分布，例如使用扩散棱镜创造更宽更柔和的光线；增加格栅或遮光罩以降低灯具亮度对人眼的影响，甚至更换光源以正确平衡不同区域之间的亮度关系；对于树上安装的灯具，工程商移动灯具直到找到正确的位置，然后完成灯具的瞄准。在每个灯具的安装和瞄准结束后，工程商锁定灯具的瞄准机械，以保证灯具的安全。调试的过程也包括控制系统，比如对时间控制开关设定时间。调试工作完成之后，设计师需要检查来自环境中每个视点的潜在眩光，检查总体的亮度平衡。

调试的最后工作是记录下所有的调整，包括控制系统的设置、光源的选择、灯具的瞄准方向（标明被照目标）。这些数据被补充到竣工图纸中去，提供给业主和维护人员，设计师留下一份拷贝用于进一步的参考和维护。

在验收阶段照明设计师需要做如下工作：依合同所约定次数派员至现场协助业主验收；检查照明设计是否落实；征求业主以及设计师的意见；对照明的整体效果进行再确认；对设计失误进行调整；检查灯具是否符合规范并核实维修建议书；出

具完工验收报告、维修建议书、操作建议；检讨工程得失。

三、运行维护阶段

项目结束以后，设计师需要提供另外几项服务：提交最终平面图；会晤业主及维护队伍，使大家理解照明系统；提出更为详尽的维护计划。照明设计师和业主必须认识到：灯光照明系统一样需要持续不断地维护。照明设备维护需要针对各不相同的项目，制定正确的维护计划并贯彻执行。维护对于保持装置性能及设计效果具有十分重要的意义。

Part Ⅱ Practices

第二部分　实践篇

第七章　城市夜景照明规划设计案例

第一节｜杭州城市夜景照明总体规划

一、项目概况

杭州是国家著名的风景旅游城市，城市夜景照明一直以来都受到广大市民游客的喜爱和政府的重视。为了统筹城市照明的建设和管理，协调全市夜景灯光，限制不该亮的地区，控制光污染、减少照明的能耗，引导城市照明向“绿色照明”方向发展，引导城市景观照明向有利于展示城市形象，有利于促进夜间经济增长的区域集中，2008年，杭州市政府组织编制杭州主城区城市照明总体规划。（图7-1）

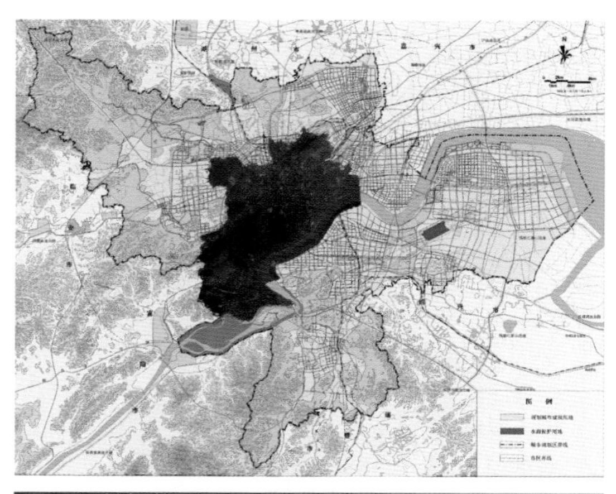
图7-1 规划范围示意

二、规划构思

1、规划目标

以体现杭州“功能之光、特色之光、科技之光、品质之光、生态之光”城市照明特点，建成“国内领先、世界一流”的城市夜景观，提升城市形象和城市品质，促进“夜间经济”和“现代服务业”的发展。

2、规划原则

（1）超前性原则。着眼于与之功能、目标相匹配，杭州未来10年亮灯工程建设发展蓝图。

（2）整体性原则。以城市总体规划确定的杭州城市发展战略与空间格局为基础，形成城市照明在城市空间上的“点、线、面”整体构成体系，增强杭州城市照明总体发展的前瞻性、系统性和可控性。

（3）操作性原则。强调景观照明与“夜间经济”、“现代服务业”相结合，以商业圈、商业街、游览区等为照明重点，增强景观照明的可操作性。

（4）生态性原则。树立“高效、环保、节能、节约”的绿色照明理念，使用高效、节能的照明技术，减少能耗，保护环境，防止光污染，促进低碳城市打造。

3、规划技术路线

详见（图 7-2）。

三、主要规划内容

1、城市照明总体格局

根据杭州城市主城区空间布局，重点围绕公共设施用地布局城市景观照明，形成杭州特有的“双核双轴双园”景观照明空间格局（图 7-3、图 7-4）。

（1）“双核”：指杭州两个市级公共中心，聚集市级高层次、大规模公共服务设施，为全市居民和国内外游客服务。

①其一：延安路及近湖地区的旅游、商业中心，包括湖滨商圈——传统文化、旅游服务中心；武林商圈——现代文化、商业购物中心；吴山商圈——民俗文化、旅游购物中心；黄龙商圈——现代体育、文化、会议展示中心。

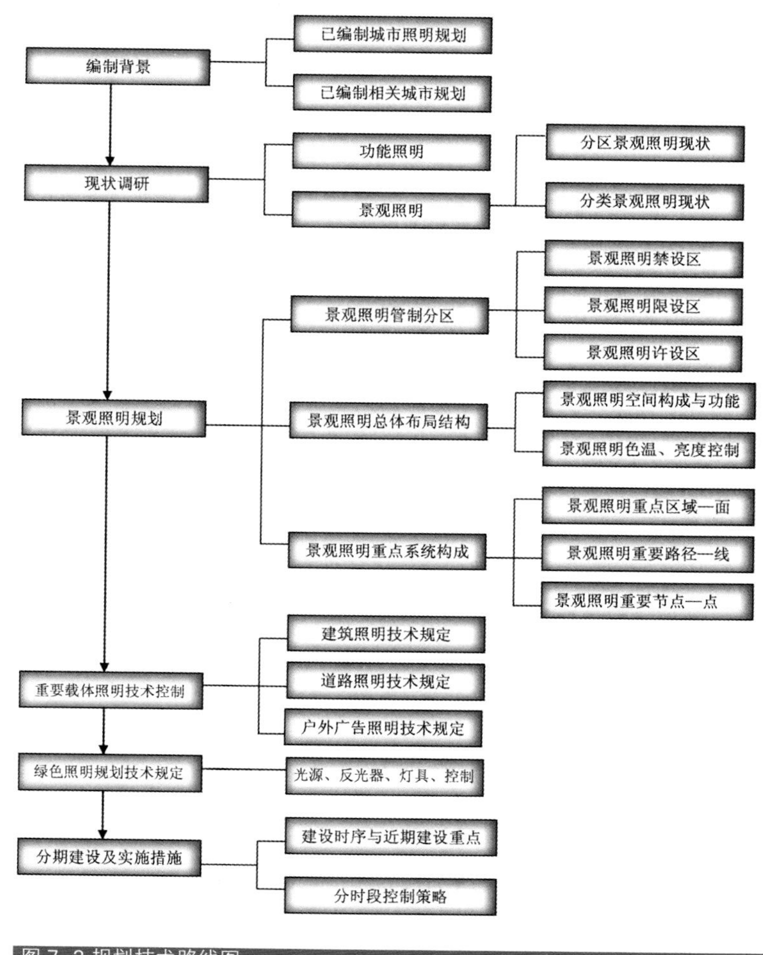

图 7-2 规划技术路线图

色温控制：本区商业特性要求光色以暖白光为主，色温控制在 3000K—5200K

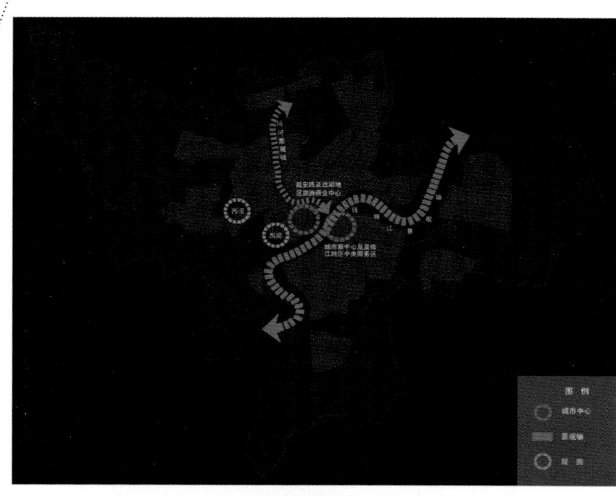
图 7-3 杭州主城夜景总格局

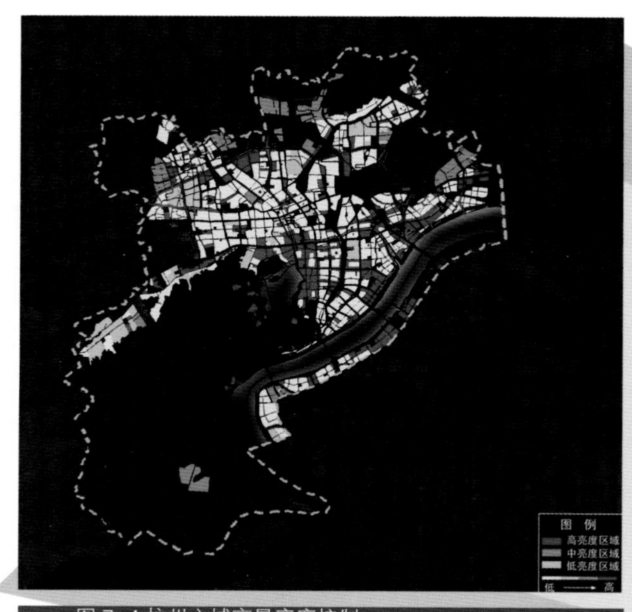

图 7-4 杭州主城夜景亮度控制

范围内。亮度控制：本区域是杭州高亮度区域，照度控制在 10 lx ～ 20 lx 范围内。

②其二：城市新中心及临江地区的中央商务区：钱塘江北岸钱江新城由行政办公区、金融办公区、商务办公区、商务会展区、文化休闲区、商业娱乐综合区、办公园区、游览休憩区组成。钱塘江南岸钱江世纪城为远景城市商务功能预留发展用地，近期建设与体育中心相结合的奥林匹克生态公园。

色温控制：本区 CBD 特性要求光色以中白光为主，色温控制在 3300K—5200K 范围内。亮度控制：本区域是杭州高亮度区域，照度控制在 10 lx ～ 20 lx 范围内。

（2）“双轴”：指东西向钱塘江夜景游览轴和南北向运河夜景游览轴。

①钱塘江景观轴：包括从规划白塔公园（含白塔公园）以西段、白塔公园以东至复兴大桥、复兴大桥至西兴大桥、西兴大桥至钱江二桥、钱江二桥至九堡大桥、九堡大桥至下沙大桥、下沙大桥至钱塘江入海口段由西向东七个沿江两岸城市景观面，以沿江地标建筑、公共建筑、桥梁的景观照明为主，形成杭州重要夜景观轴线。

色温控制：本轴根据不同的区段功能，色温有所区别，总体光色色以从暖白光到中白光再到白光，总体色温控制在 3000K—5600K 范围内。亮度控制：本区域不同功能段亮度不同，总体照度控制在 5 lx ～ 20 lx 范围内。

②运河景观轴：沿运河两岸形成以展现古运河文化景观特色魅力为主的城市

夜景灯光轴，其中余杭段、拱墅段再现运河传统风貌特色，下城段体现现代都市景观，江干段展现未来生态景观。

色温控制：根据不同的区段功能，色温有所区别，总体色温控制在3000K—5600K范围内。亮度控制：本区域不同功能段亮度不同，总体照度控制在5 lx ～ 15 lx范围内。

（3）“双园”：西湖风景名胜区核心景区、西溪国家湿地公园两个富有杭州环境特色的夜景游览区，是杭州实现“五水共导”目标，开拓夜游经济的重要区域。

①西湖夜景游览区：分为核心景区和西湖西进，核心景区以自然山水、人文建筑为主的风景游赏区，西湖西进部分以自然山水为风格的风景游览区。色温控制：区域总体光色以暖白光为主，显示“世界文化遗产”的景观特征，色温控制在2700K—4200K范围内。亮度控制：本区域是景观照明中等亮度区域，照度控制在2 lx ～ 10 lx范围内。

②西溪湿地夜景游览区：西溪湿地是国家湿地公园，以野趣、自然、地方文化为风格，集旅游、文化、会务为主的区域。色温控制：区域总体光色以从黄白光中暖白光为主，色温控制在2200K—4000K范围内。亮度控制：本区域是景观照明低亮度区域，照度控制在2 lx ～ 8 lx范围内。

2、景观照明空间系统构成

以城市景观照明总体格局为指导，进一步细化、深化景观照明重点范围，形成“景观面—景观路径—景观节点—城市地标”相结合的景观照明系统（图7-5）。

（1）景观照明重点区域——面

以《杭州市城市总体规划》（2001—2020年）确定的市级、地区级、组团级中心为基础，确定西湖核心景区、湖滨商圈、武林商圈、吴山商圈、黄龙商圈、钱江新城、钱江世纪城、城站商圈、城东新城等15个景观照明重点区，从灯光定位、色温、色彩、照度、亮度、广告、彩灯等方面提出规划要求，并对已建成区域夜景灯光存在的问题和整改内容提出要求。

（2）景观照明重点路径——线

以《杭州城市总体规划（2001—2020年）》确定的13条景观河道、6条重要商业街、13条特色商业街和12条景观大道为载体，构成了杭州景观照明的“线”型空间。照明规划控制要素包括：灯光定位、建设重点、关注的尺度、灯光建设内容、亮度、照度、色温、色彩控制要求，以及对灯具的技术要求。（图7-6）。

（3）景观照明重要节点——点

10个景观节点和19个城市地标构成了城市夜景灯光的“点”。具体包括铁路杭州站、铁路东站；九堡客运中心、九堡服装城、汽车西站、汽车北站；杭州萧山国际机场；以及留下入城口、彭埠入城口、104（莫干山路）入城口等城市交通出入口，大型市民广场和城市综合体，保俶塔、六和塔、城隍阁、雷峰塔、环球中心、市民

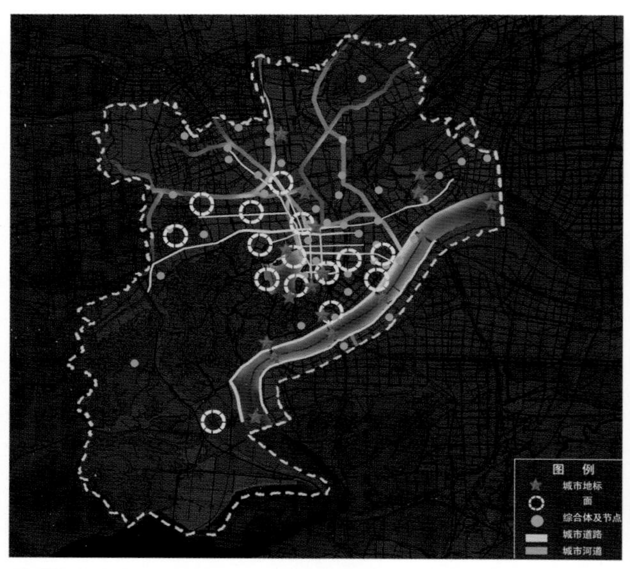

图 7-5 杭州夜景系统结构图

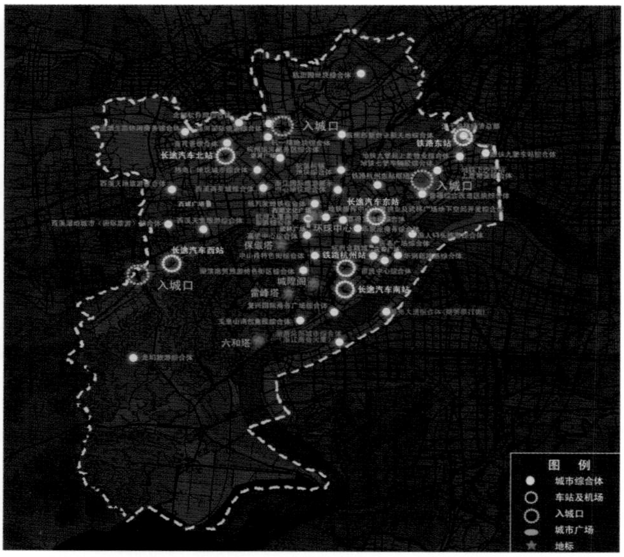

图 7-6 杭州夜景节点构成图

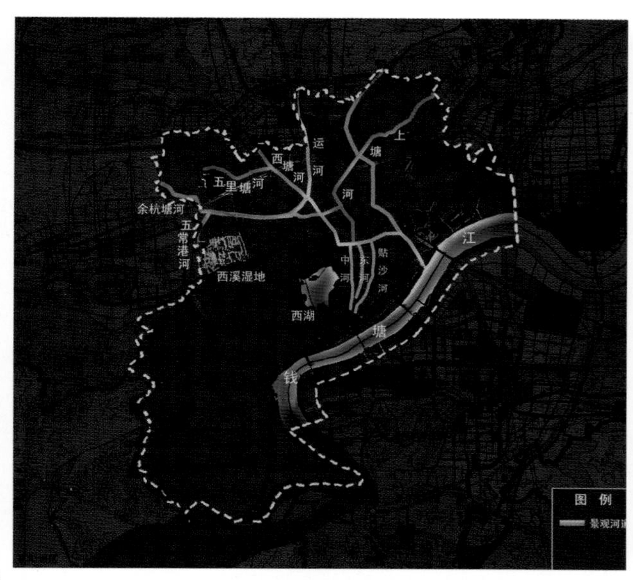

图 7-7 杭州夜景河道分布图

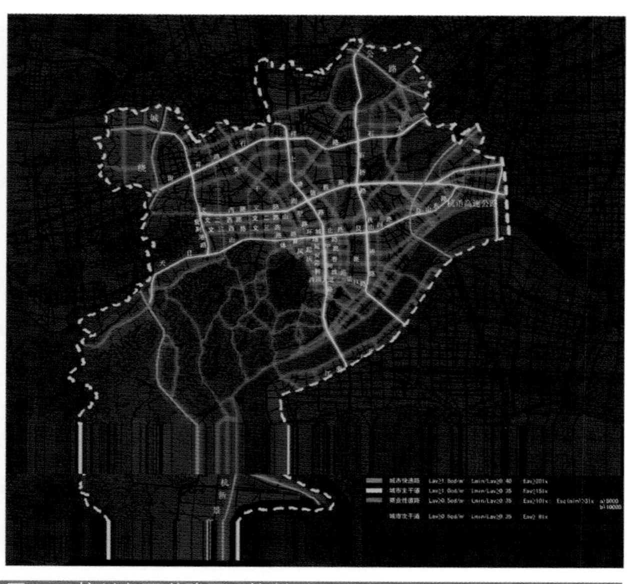

图 7-8 杭州主要道路照明控制图

中心等六个建筑物和之江大桥、钱塘江大桥、复兴大桥、复兴立交、涌金立交、中河立交等主城区内大型桥梁和立交口（图 7-7）。

规划从尺度、亮度、照度、色彩、色温、路灯、广告灯箱、亮灯整改要求和操作模式等方面做出规划技术规定。

3、重要载体照明规划技术规定

（1）建筑夜景照明规划技术规定

规划提出杭州建筑物夜景照明根据建筑本身的功能、风格特征来进行照明方式、灯具等选择，并与环境相协调。

（2）道路照明规划技术规定

杭州城市道路照明应根据道路性质、道路等级、道路断面形式、路幅宽度及机动车和非机动车流量的不同，合理选择道路照明的布灯方式、照明光源选型，以及从景观角度出发挑选灯具、灯杆造型，既满足道路照明标准规范的要求，又能与城市景观照明规划协调一致。（图 7-8）

①严格执行国家《城市道路照明设计标准》（CJJ45-2006）。

②重视反光器，严禁使用非截光灯具用于道路或地面照明，推广使用配有“效率高、配光好”的反光器的路灯。③功能性照明需要进行专业化设计；涉及到景观照明，应该进行一体化设计。

④保障路灯的“亮灯率”和“维修及时率”。

（3）户外广告照明规划技术规定

广告照明应与城市景观照明相协调。广告与标志照明要综合考虑不同区块的功能，以及自然和人文景观，进行统一规划。不同环境区域和不同面积的广告与标识照明的平均亮度、亮度均匀度和溢散光数量应符合《城市夜景照明设计规范》（JGJ/T163）的规定。

4、绿色照明规划技术规定

绿色照明重在节能省电，主要有技术节能，比如光源和灯具，以及管理节能，如推广使用路灯智能控制系统。高光效、长寿命光源的应用率不低于 90%。严格控制 150W 以上大功率光源（灯具）在景观照明中的使用。

（1）新能源：在无电、缺电或线路输配电较困难的地区，鼓励在城市照明中使用太阳能等可再生能源照明设施。

（2）灯具：应选择材质优良、机械结构合理、控光精确、使用方便的产品，眩光和配光控制良好。

（3）智能控制系统推广使用基于GSM/GPRS无线通信技术以及电力载波技术的城市照明设施智能化远程监控系统，实现“信息化”、“数字化”和“故障自动报警”功能。

路灯推广使用“单灯”控制技术，实现“按需亮灯”；景观照明使用“分级控制”，按照平日、节日、节庆等模式分层次控制。

5、建设时序安排及建设重点

（1）近期建设

以“提升、巩固、长效”为近期建设目标，突出“3+1”，即西湖、运河、钱江新城三个重要区域和武林商圈。重心放在主城区范围内的西湖、运河、钱江新城周边的商圈、景观道路、河道、商业街、特色商业街、重要节点和地标性建筑。必须把景观照明与功能照明进行一体化的整改提升与完善，打造杭州城市照明的高品质区域，形成灯光促进消费的功能化特色、灯光柔和舒适的品质化特色、灯光节能高效健康节约的生态化特色（图7-9）。

（2）远期建设

以“巩固、拓展、提升”为目标，强化主城区和副城区的商业及旅游中心品牌，突出“1+X”钱塘江重要景观轴和若干商业空间，深化拓展做好亮灯为商业、旅游业、现代服务业提供配套和服务照明工程，进行检讨与评估，完善未建或效果不满意的照明项目，提升旅游空间，全市共享品质之光。

图7-9 杭州武林商圈夜景示意图

第二节 | 杭州市中山中路景观照明设计

一、项目概况

自五代、南宋以来，中山中路一直是杭州的主干路和政治、经济、文化与商业的中心。今天的中山路历史街区在空间格局、街巷形态、地名体系和字号门店方面还较为完整地保存着各个时代历史地理和民间生活的综合信息，是杭州老城悠久历史和独特风貌的见证。（图 7-10）

杭州市委、市政府在 2008 年 1 月起，开展中山路历史街区的整治工程，确立了对中山中路历史街区进行全面历史保护与有机更新的整体战略。夜景照明作为建筑、景观改造的配套设计，对街区环境氛围的营造有重要意义。

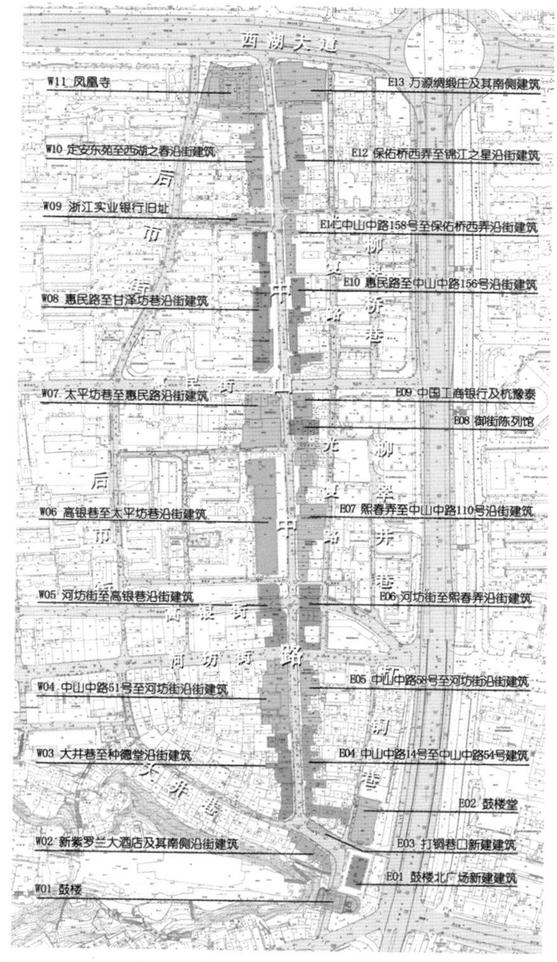

图 7-10 项目范围图

二、设计构思

1、设计定位

展现千年文化演进，传承传统地方生活，融合现代商业活动，推进夜间休闲旅游。（图 7-11）

中山路历史街区照明设计的基础是综合保护与有机更新工程的建筑及景观方案，通过灯光营造“宜文、宜居、宜商、宜游”的，具有杭州独特文化和历史内涵，充满活力的历史街区夜景形态，打造“中国生活品质第一街”的夜游品牌。

注：本设计荣获 2009 年中国人居典范建筑规划设计奖景观设计方案金奖。

图 7-11 照明设计目标

图 7-12 照明设计重点空间

图 7-13 灯光渗透

2、设计理念

（1）照明载体选择。强调二层（局部三层）以下的灯光，通过照明的取舍，重点表现宜人的传统尺度，清晰划分立面的夜景层次。（图 7-12）

以街道空间的区段特色和传统里坊划分为依据，将步行街划分为多个区段，并以综合整治和有机更新后的空间特色为基础，确定不同区段的性格定位，建立步移景异的夜景序列。

夜景效果应重视街道景观向两侧的渗透，针对小巷、过街楼或院落空间等，应有吸引人进入的灯光（图 7-13）。

考虑在建筑立面或顶部安装下射灯具，为人们创造可停留的场地照明或通过对水系的照明建立建筑与水景的对话关系（图 7-14）。

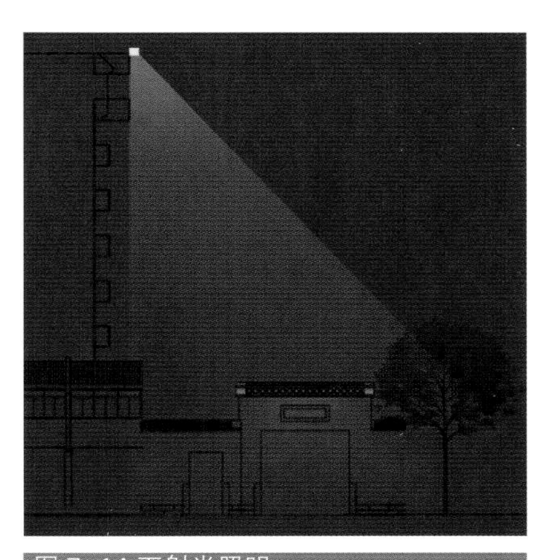

图 7-14 下射光照明

（2）亮度与光色

整体效果不宜过亮，应通过微妙的变化实现柔和的效果。

光色尽量单一，慎用彩色光和动态照明。

（3）照明手法及其

对于中式传统建筑、近代西式建筑和新建骑楼建筑等，应有针对性的采用不同手法对特色部分进行灯光表现，但同类建筑的照明手法则应尽量统一。外露灯具的尺度和造型应与建筑性格和空间氛围相协调。

图 7-15 分段划分及照明定位

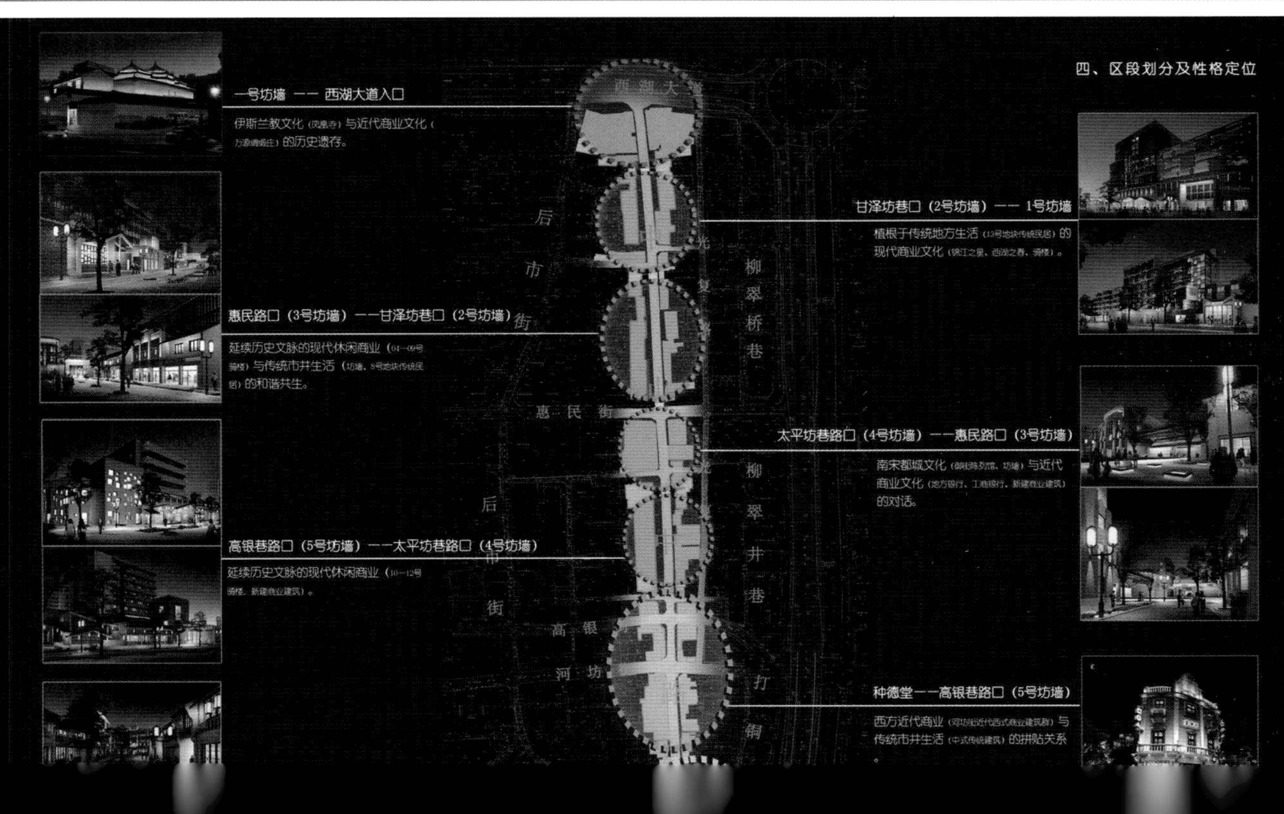

三、主要设计内容

1、区段划分及定位。

详见图 7-15。

2、亮度分布控制

图 7-16 I 级照明控制

由于一个综合运用多种照明手法表现的单体建筑的亮度感觉，与其背景亮度、发光面积、亮度均匀度等多种因素有关，很难用点照度、亮度或面平均照度、亮度等量化指标来评价。

本项目工作方法是以区域内照明载体的组合形态及重要性排序为基础，对单体或组团进行照明等级划分（I 级重点照明、II 级局部照明、III 级限制照明），通过亮度对比突出重点景观，并保证景观序列的节奏感和层次感。

I 级重点照明：对区段性格具有决定作用的单体或序列。如鼓楼、种德堂、河坊街、近代西式建筑群、骑楼、御街陈列馆、凤凰寺及万源绸缎庄等，应进行多层次的重点照明，通过对比使之从背景中突显出来，成为街道夜景中的视觉焦点。（图 7-16）

II 级局部照明：具有一定历史文化意义或形象较为突出的单体或序列。如传统风格店面、部分文保建筑、过街楼、坊墙等，应选择有特色的部位进行照明处理，

图 7-17 II 级级照明控制

图 7-18 III 级级照明控制

照明效果应突出景观序列的节奏感并丰富夜景的层次。（图 7-17）

III 级限制照明：对街道空间构成压迫的高层建筑、与重点建筑有强烈冲突或很难布置照明的一般建筑。如大部分高层建筑、教堂、形象一般的民居等。除少量建筑可局部安装装饰性照明，在节日模式开启外，严禁布置其它照明。（图 7-18）

3、色温、光色及动态照明控制

（1）光色主调定为 3000K。

金卤灯：3000K（背景高层建筑的局部泛光或装饰照明、橱窗内部可采 3000K—4200K）

高压钠灯：2200K（重点建筑单体可局部使用）

卤素灯：2900K

LED 灯：主要采用暖白色；装饰照明可采用红色、橙色、琥珀色、绿色、白色、冷白色。

（2）慎用彩色光，局部彩光可采用红、橙、琥珀、绿、暖白等暖色系光。

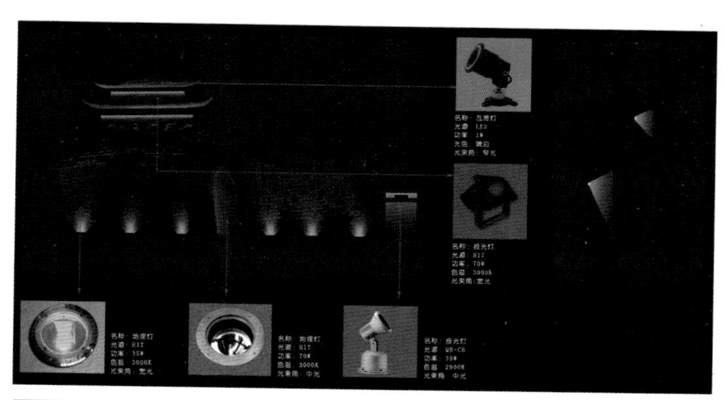

图 7-19 光源色温选择

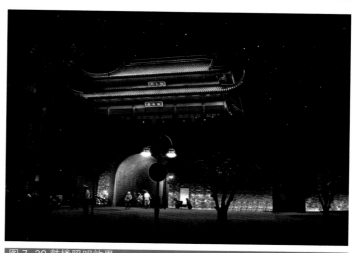
图 7-20 鼓楼照明效果

图 7-22 分段布灯示意图

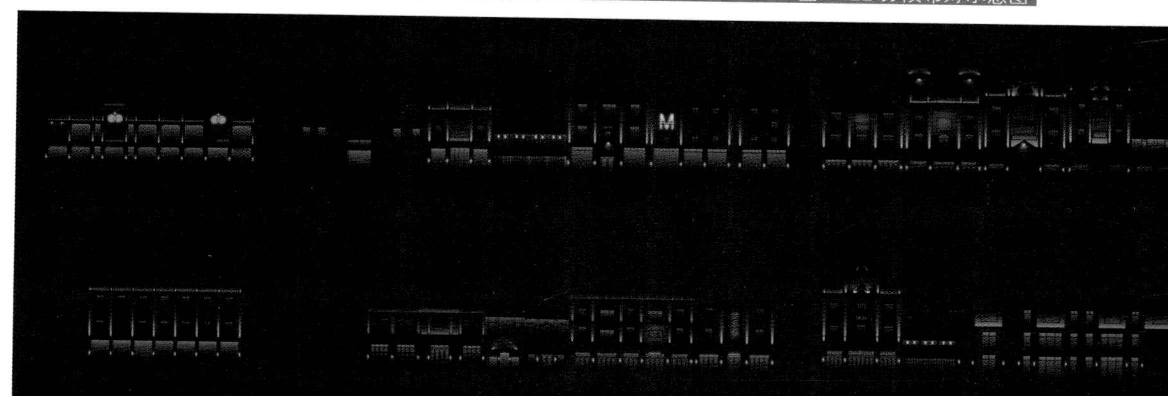

（3）慎用动态照明，动态照明可采用缓慢的呼吸、流动效果，禁止大面积全彩变色和快速的色块跳变。

详见（图 7-19、图 7-20）。

4、分段设计

限于篇幅，仅以种德堂——高银巷路口（5 号坊墙）该段照明设计为例。

对该段建筑进行照明等级划分，并根据建筑性质功能、形式特点等进行照明亮度、光源种类、光源色温、灯具安装等选择和设计，形成主次分明、明暗有致、协调有序的夜景照明。（图 7-21、图 7-22）

河坊街近代西式建筑群（王润兴酒楼、万隆火腿店、景阳观食品店、优の良品、当铺、羊汤饭店、天工坊、麦当劳、五芳斋等）构成的序列是该区段照明的重点。

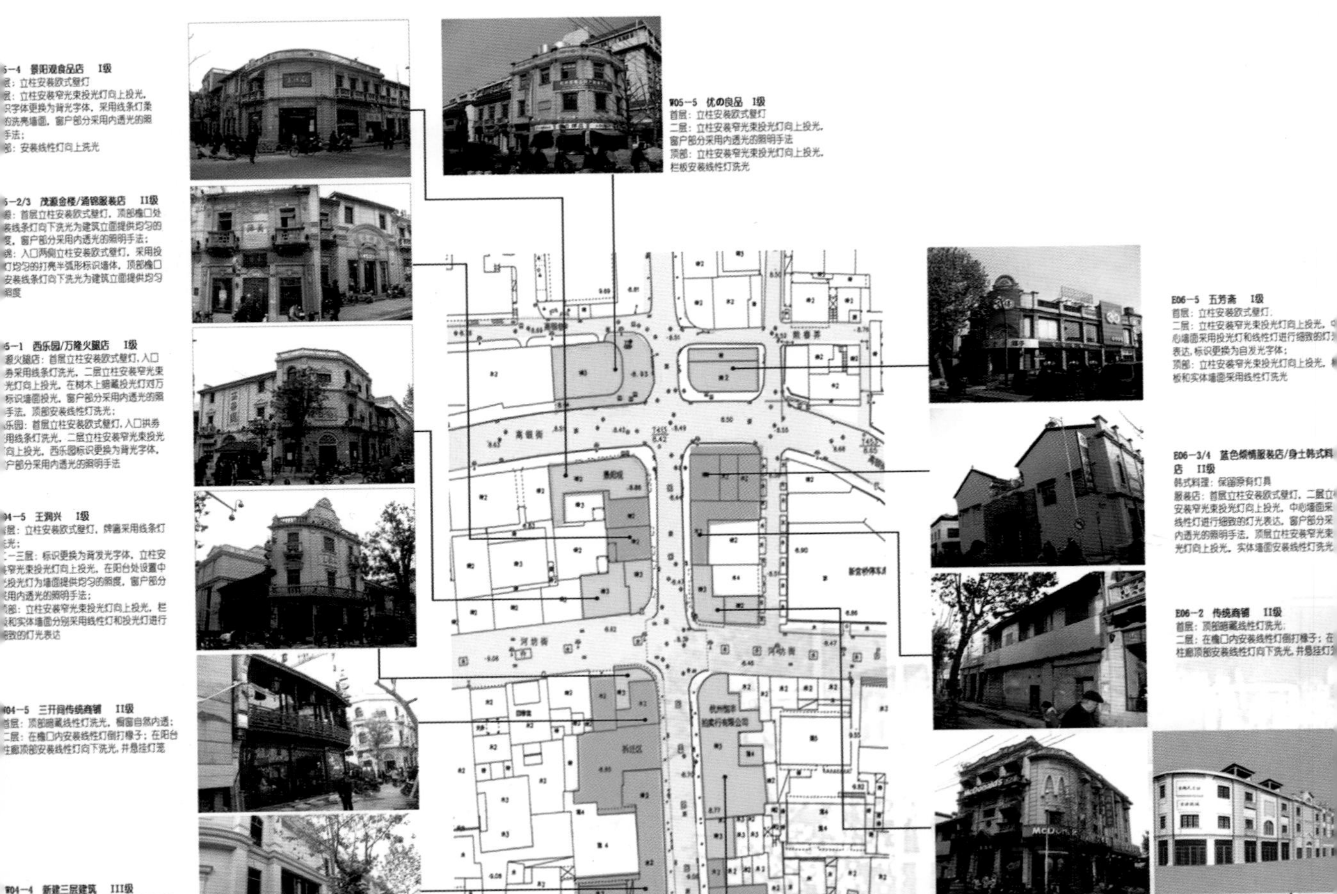

图 7-21 分段建筑照明分级

（图 7-23、图 7-24、图 7-25、图 7-26、图 7-27）。

新建商业建筑南侧过道内的传统建筑应有灯光体现街道景观向两侧的渗透；其他建筑以柔和自然的手法弱化处理。

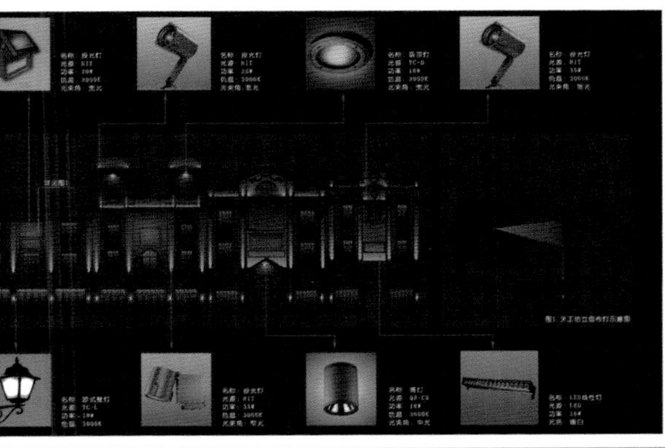

图 7-23 剖面布灯图 1

图 7-26 天工坊夜景效果

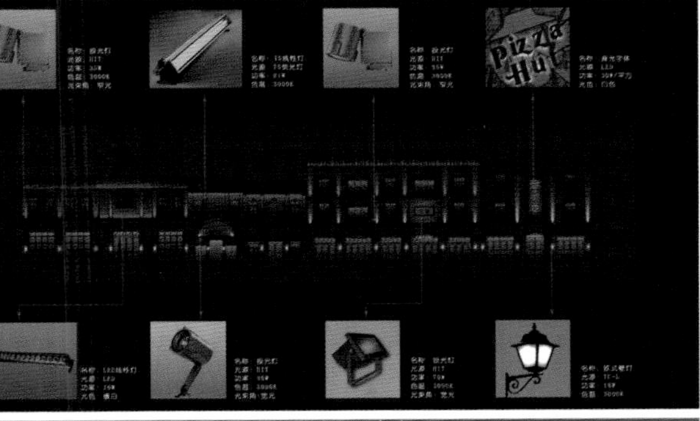

图 7-25 剖面布灯图 2

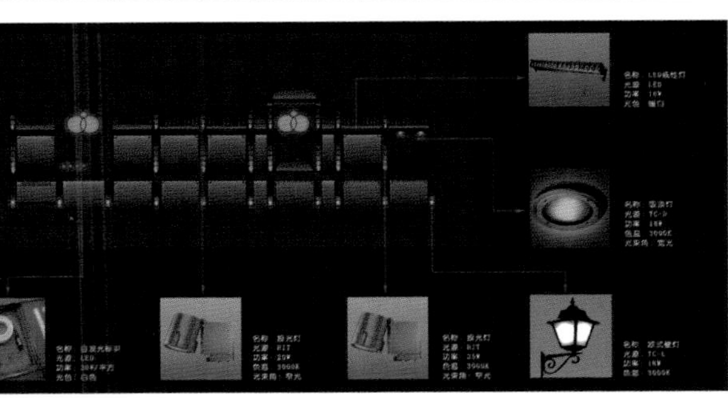

图 7-24 剖面布灯图 3

图 7-27 王润兴夜景效果

选用灯具详见表 7-1。

表 7-1 种德堂 – 高银巷区段灯具资料表

序号	灯具名称	灯具图样	功率W	光源类型	光束角度	色温/颜色	数量	单位	灯具材质	安装位置	防护等级	总功率KW
1	投光灯1		70	HIT	宽光	3000K	3	套	高压铸铝灯体，高强度安全玻璃。灯具外壳颜色与背景颜色相近	安装于树上照万隆火腿店、天工坊、羊汤饭店等建筑立面	IP66	0.21
2	投光灯5		20	HIT	窄光	3000K	32	套	高压铸铝灯体，高强度安全玻璃。灯具外壳颜色与背景颜色相近	表现欧式建筑立柱	IP67	0.64
3	投光灯6		35	HIT	窄光	3000K	31	套	高压铸铝灯体，高强度安全玻璃。灯具外壳颜色与背景颜色相近	表现欧式建筑立柱	IP67	1.085
4	投光灯7		70	HIT	窄光	3000K	37	套	高压铸铝灯体，高强度安全玻璃。灯具外壳颜色与背景颜色相近	表现欧式建筑立柱	IP67	2.59
5	投光灯8		35	HIT	宽光	3000K	36	套	高压铸铝灯体，高强度安全玻璃。灯具外壳颜色与背景颜色相近	表现欧式建筑立面、羊汤顶部穹顶外侧	IP67	1.26
6	LED线性灯		16	LED	—	暖白	200	套	PVC磨砂灯具外壳，铝合金灯座，表面氧化处理，喷涂为背景近似色	表现西式建筑立面	IP65	3.2
7	T5线性灯		21	T5	—	3000K	100	套	PVC磨砂灯具外壳，铝合金灯座，表面氧化处理。灯具外壳颜色与背景颜色相近	传统风格店铺二层檐口，首层顶部	IP65	2.1
8	吸顶灯		18	TC-D	宽光	3000K	30	套	高纯铝反光器，由压铸铝及铝型材组成	羊汤饭店顶部亭内，咬不得二层露台顶部	IP66	0.54
9	筒灯		35	TC-D	中光	3000K	1	套	高纯铝反光器，由压铸铝及铝型材组成	当铺入口顶部	IP66	0.035
10	西式壁灯		18	TC-L	—	3000K	75	套	欧式压铸铝，强化安全玻璃	欧式风格建筑首层立柱	IP65	1.35
11	中式灯笼		18	TC-L	—	3000K	14	套	亚克力灯罩	传统风格店铺二层檐口	IP65	0.252
12	背光字		30	LED	—	白色	5	㎡	金属字，高亮LED灯珠	王润兴、西乐园标识字体	IP65	0.15
	总功率合计											13.412

5、造价估算

根据选用灯具类型及数量进行工程造价估算。详见表 7-2。

表 7-2 种德堂 – 高银巷区段投资估单表

序号	灯具名称	光源类型	功率（W）	数量	单位	单价（元）	金额（元）
1	投光灯1	HIT	70	3	套	2640	7920.00
2	投光灯5	HIT	20	32	套	3040	97280.00
3	投光灯6	HIT	35	31	套	3040	94240.00
4	投光灯7	HIT	70	37	套	3040	112480.00
5	投光灯8	HIT	35	36	套	3600	129600.00
6	LED线性灯	LED	16	200	套	1600	320000.00
7	T5线性灯	T5	21	100	套	960	96000.00
8	吸顶灯	TC-D	18	30	套	1400	42000.00
9	筒灯	TC-D	35	1	套	1400	1400.00
10	西式壁灯	TC-L	18	75	套	1200	90000.00
11	中式灯笼	TC-L	18	14	套	1500	21000.00
12	背光字	LED	30	5	㎡	4000	20000.00
13	电缆，电线及配电箱	灯具总价*30%					309576.00
14	人工机械及安装辅材	(灯具总价+电缆，电线及配电箱价格)*20%					268299.20
15	管理费及措施费	(灯具总价+电缆，电线及配电箱价格+人工机械及安装辅材价格)*5%					80489.76
16	利润	(灯具总价+电缆，电线及配电箱价格+人工机械及安装辅材价格+管理费及措施费)*5%					84514.25
17	税金	(灯具总价+电缆，电线及配电箱价格+人工机械及安装辅材价格+管理费及措施费+利润)*3.4%					603431.73
	合计						2378230.94

第八章　园林景观照明设计案例

第一节 | 西湖南线景区与湖中两岛夜景观照明设计

一、项目概况

西湖云山秀水，山水与人文交融，2011 年 6 月被正式列入联合国《世界遗产名录》中。从 2002 年始，杭州就以申报世界文化遗产为目标启动了西湖综合保护工程，到 2007 年基本完成核心景区改造。为了对前六年配套建设的夜景照明存在的，由于分段分期建设和养护滞后等造成的整体性欠缺的问题，2008 年启动西湖核心景区夜景灯光整改完善与提升工程，以为西湖申遗添光加彩。西湖南线与湖中三岛景区历史人文荟萃，是西湖夜景提升工程的重要组成部分。西湖南线景区照明改造设计范围囊括了南起长桥公园，北至一公园，面积约 2.1 平方千米，南北长约 2.6 千米的范围。（图 8-1）

图 8-1 项目位置土图

针对现状西湖南线景观照明中存在亟待改善的问题，提出以下照明设计目标：

（1）运用生态型设计理念，在降低能耗的前提下，实现西湖山水夜景观审美理想与保持生态系统平衡并得以良性延续的统一。

（2）提高景区的照明等级，加强景区夜间的安全性。

（3）发掘并用灯光来体现景区文化内涵，从而推动西湖夜游品牌的形成。

图 8-2 西湖南线夜景意向

二、设计构思与分析

1、设计定位

南线景区沿湖与内部景区灯光氛围应呈现出雅致、清新，内敛的格调，沿南山路沿街界面灯光氛围应该时尚、多彩，照明方式与亮度变化较为丰富。因此，在原有照明基础上整改完善和提升游路的照明、绿化照明及水体照明，重点为沿湖及沿街面的节点设计，强调休憩与闲适，以及特色景观的塑造。（图 8-2）

图 8-3 西湖夜景照明

2、设计构思——实现“生态之光”

以上位规划《杭州市西湖风景名胜区环湖景区照明规划与设计》为依据，在体现西湖南线应有的景区韵味的前提下，实现生态照明。（图 8-3）

（1）严格选取夜间照明的植物。不对珍稀树木设置夜景照明；不对构成西湖景区绝大组成部分的内部景区植物进行照明；不对所有灌木、花卉、草坪、地被植物进行表现；仅在构成树冠线的乔木与在陆上近人尺度构成近景、中景、远景的乡土树种、对光源敏感性较弱的部分特色树种里挑选载体。

（2）提出“人工光曝光量”的概念，严格控制树木暴露于人工照明的时长，每

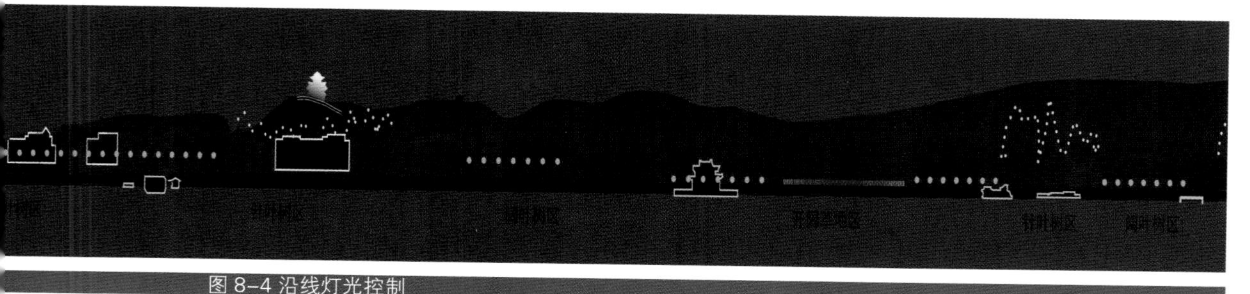

图 8-4 沿线灯光控制

次开灯时间控制为最多 3 小时，曝光时长控制为 312 小时 / 年，尽量减少人工光对树木的影响，以便提供更多的时间给动植物调节和修复。

（3）严格保护动植物生存的生态环境。做到不因为赏景的需要而在动物栖息区、觅食、繁殖区域与相关保护区内设置夜景照明。不选取湖水与护坡作为表现对象，极少在湖内设置照明设备，除柳浪喷泉与三公园音乐喷泉，尽可能选用低热量、低功率、含有吸引动物光谱辐射较少的光源。（图 8-4）

（4）严格筛选灯具，并合理隐蔽安装，严格控制上射天空的溢散光。选取发光光谱对植物影响较少的光源，如金卤灯等；照明设施能不上树的尽量采用地面定向上射方式，特别是古树名木，严禁上树；采用最高表面工作温度不超过 65℃的灯具；确需上树的灯具与电缆，采用金属柔性鸟巢、仿真藤等仿生装置进行保护和伪装，并不影响植物生长。

三、主要设计内容

1、光色设定

根据《杭州市西湖风景名胜区环湖景区照明规划与设计》，西湖南线景区照明风格以雅致、清新为主，因此，色温总体以暖白为主，范围限定在 2700K 到 4200K 之间（图 8-5）。整个南线景区不采用大面积的彩光泛光照明、彩色勾边照明和彩色内透光照明，仅在沿南山路界面商

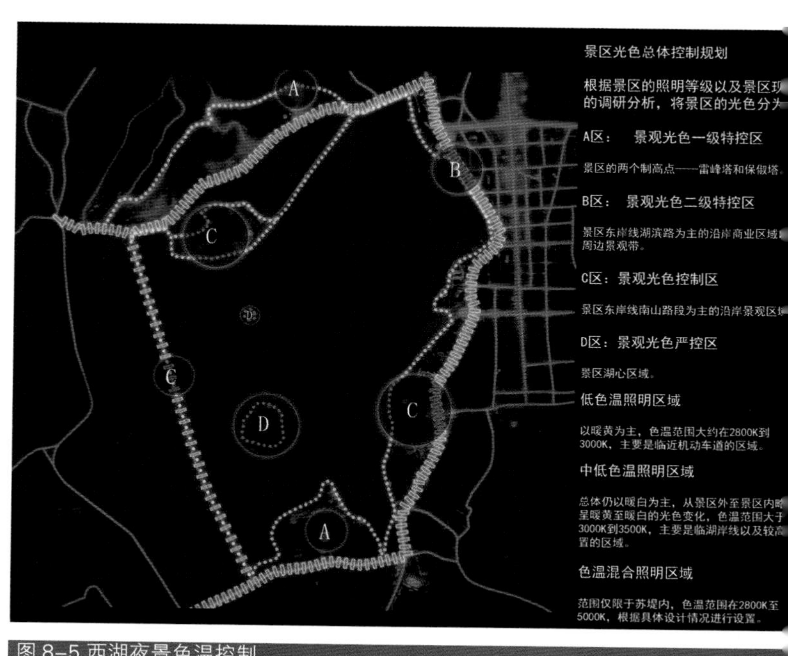

图 8-5 西湖夜景色温控制

业场所可以允许使用彩色动态光。位于内部景区的高大常绿乔木将选用 4200K 色温一方面可以尽可能还原叶片的绿色，另一方面可以丰富沿湖立面的景观层次；临湖第一层次的乔木大部分以 3000K 色温为主（图 8-6）。

2、亮度设定

将临湖第一层次的焦点建筑亮度控制在 20-45cd/m² 左右，次要焦点建筑与小品、雕塑等景观控制在 5-10cd/m² 左右，湖中大型喷泉亮度控制在 45cd/m² 左右，第一次层次的乔木亮度控制在 10-20cd/m² 左右，第二层次乔木亮度则控制在 3-8cd/m² 左右。（图 8-7）

照明等级总体控制规划图
I
II
III
III
II
I
景区照明等级总体控制规划
景区的照明等级通过对西湖景区现状的调研分析以及规划的目标、理念等方面综合得出，将景区的照明等级分为三级：
I： 第一等级
将景区的两个制高点——雷峰塔和保俶塔作为照明最高等级，进行控制。其亮度范围控制在 80-130 cd/m²，此亮度范围包括一般时段至节庆时段的变化
II： 第二等级
景区沿湖岸线区域包括东岸线、苏堤以及白堤作为照明第二等级。其亮度范围控制在 45-100 cd/m²，此亮度范围包括一般时段至节庆时段的变化
III：第三等级
考虑到西湖水域内生态性的要求，尽量避免人工光对湖心区域的影响，因此将孤山、湖心亭和三潭印月的照明控制在第三等级。其亮度范围控制在 10-45 cd/m²，此亮度范围包括一般时段至节庆时段的变化

图 8-7 西湖夜景亮度控制

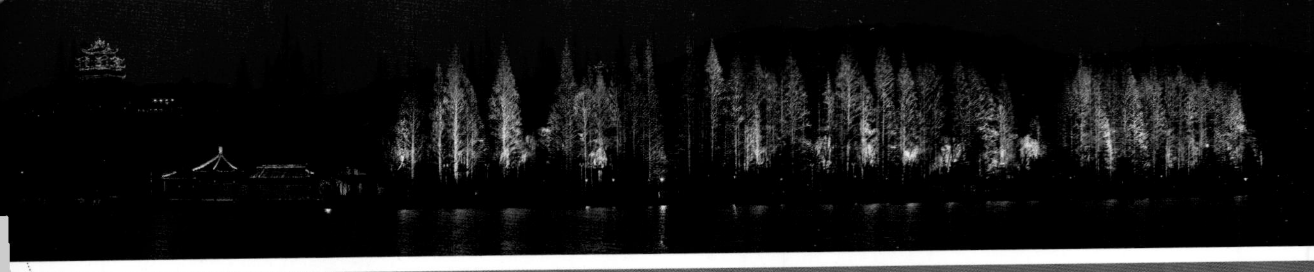

图 8-6 西湖南线沿湖夜景

图 8-8 低照度的夜景环境

图 8-9 西湖碑亭照明

3、照度设定

沿南山路沿街界面的人行道，由于紧邻城市机动车道，路灯地面平均照度基本在 20-30 lx 左右，因此不对原有人行道杆式庭院灯做照度提升。内部景区与临湖景区的游步道、停留休憩赏景建（构）筑物空间，转而强调幽静气氛的前提下，平均照度设定在 2-5 lx 左右即可。（图 8-8）

4、显色性设定

此次照明将主要采用 Ra=80 以上的高显色性光源，从而尽可能还原载体自身材质应有的色调与质感。

5、眩光控制

此次照明提升改造的一个非常重要的内容就是要极大地改善夜间照明的视觉舒适度以及尽可能减少光污染，因此对于所有原能耗较高、灯具表面亮度较高、眩光较重、溢散光较重、有效光分布十分低的那些照明器具，改造配光或直接替换灯具，对于新选用灯具，均要求有截光保护角设计，或者柔光玻璃、遮光罩、遮光格栅之类的防眩光措施。

6、历史文化遗产照明设计

对于临湖构成景观立面与空间层次，且为游人十分关注的历史建筑或文化遗产，选取最能够展现建筑或历史文化遗产积淀感与价值的光色，采用低热量、低能耗、滤红外、滤 UV 的 LED 定向照明灯具进行表现，而且减少灯具使用数量。严格控制人工光曝光量，最大限度减少照明对历史文化遗产的损伤。（见图 8-9）

7、夜游线路设计

将整个南线景区划分为三条夜间游览路线：游船线路——“赏画”，沿湖与

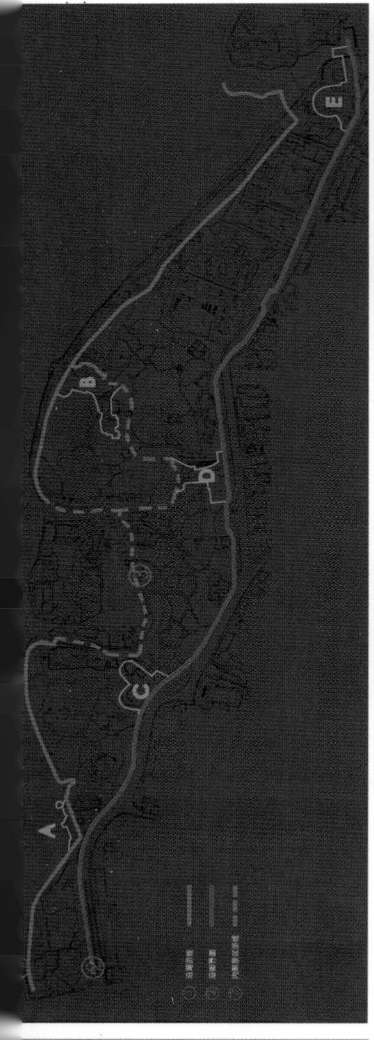

图 8-10 夜景游线组织

图 8-11 长桥公园夜景

图 8-17 夕照亭布灯示意图

内部景区游线——“品景”，南山路游线——“怀古”，以配合整个西湖多条夜游路线，为游客提供更为丰富的夜游品种的选择（图 8-10）。根据夜间的游览路线确定照明载体，其中在游览路线上选择了一些特色节点作为重要载体进行照明设计，详见：A 长桥公园（图 8-11）、B 闻莺阁及御码头区（图 8-12）、C 罗马广场（图 8-13）、D 柳浪闻莺馆（图 8-14）和 E 涌金广场（图 8-15）。

8、平面布灯

限于篇幅，仅以长桥区块总平面布灯图为例，详见（图 8-16）。由于该区块为改造区块，灯具布置更对地考虑对原有的灯具的更替和利用，以夕影亭建筑布灯示意图为例，详见(图 8-17)。

图 8-12 闻莺阁及御码头区

图 8-13 罗马广场夜景

图 8-14 柳浪闻莺入口广场夜景

图 8-15 涌金广场夜景

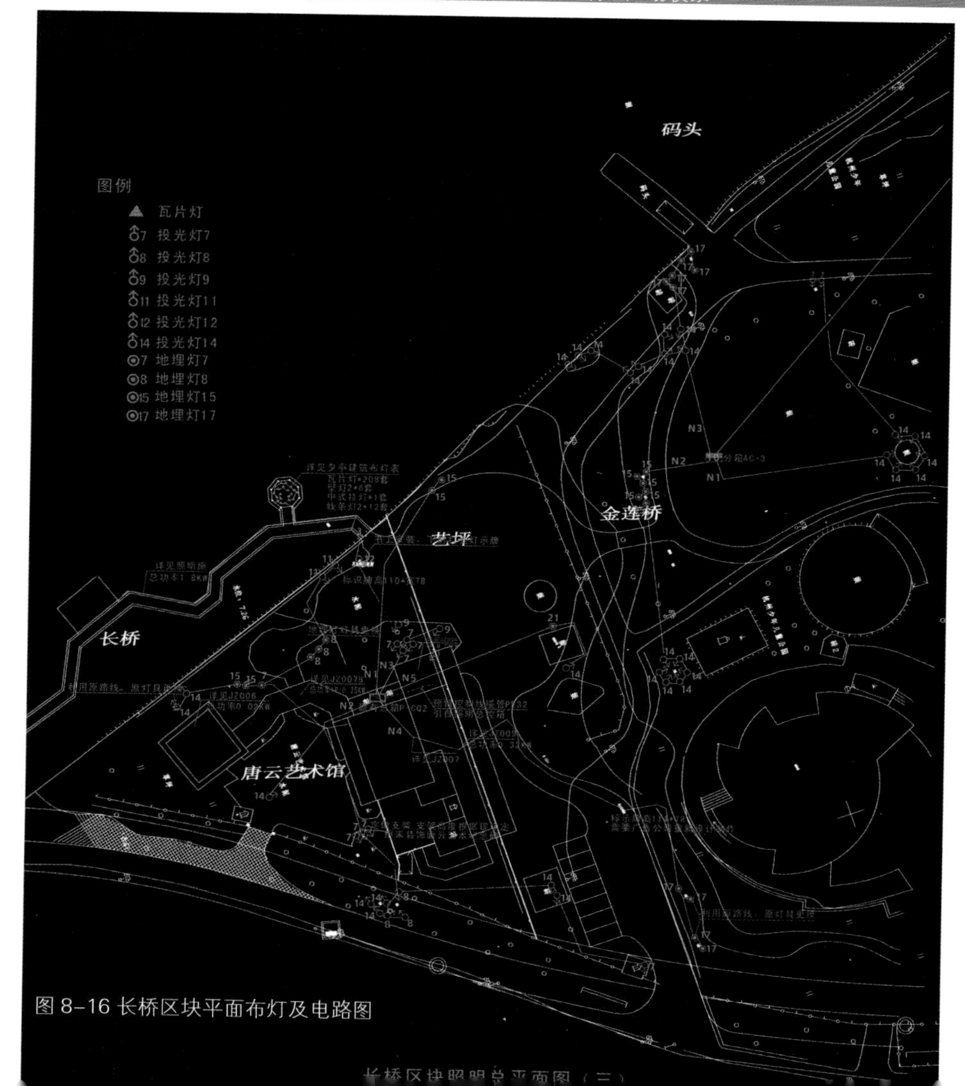

图 8-16 长桥区块平面布灯及电路图

9、主要灯具选型

详见表 8-1。

表 8-1 西湖风景名胜区南线景区长桥区块照明改造灯具选型表

序号	图例	名称	光束角	灯具功率	光源	工作电压	数量（套）	色温（k）	防护等级	电器	备注
1	▲1	瓦片灯 1	15°	1W	LED1*350mA	12V	42 组（5 套 / 组）	3000	IP65	外置恒流驱动电源	支架定制
2	♂7	投光灯 7	62°	13W	反射型紧凑荧光灯	220V	10	3000	IP65	电子式镇流器	根据灌木高度支架定制
3	♂8	投光灯 8	6°	70W	HIT 70W	220V	3	3000	IP65	电子式镇流器	内置十字形格栅
4	♂9	投光灯 9	6°	20W	HIT 20W	220V	2	3000	IP65	电子式镇流器	+扁光玻璃
5	♂11	投光灯 11	16°	70W	HIT 70W	220V	2	4200	IP65	电子式镇流器	内置十字形格栅
6	♂12	投光灯 12	38°	50W	HI SPOT65 50W	220V	1	3000	IP65	--	内置十字形格栅+仿真金属鸟巢
7	♂14	投光灯 14	6°	70W	HIT 70W	220V	30	3000	IP65	电子式镇流器	+扁光玻璃
8	--3	线条灯 3	120°	4W	LED 60*20mA	12V	850 米	3000	IP65	外置恒流驱动电源	定制不锈钢遮光片
9	◉7	地埋灯 7	38°	35W	MR16 5W 38°	12V	1	3000	IP67	电子式变压器	+遮光罩
10	◉8	地埋灯 8	38°	50W	MR16 50W 38°	12V	3	3000	IP67	电子式变压器	+遮光罩
11	◉15	地埋灯 15	30°	35W	HIT 35W	220V	8	3000	IP67	电子式镇流器	+蜂窝遮光格栅
12	◉17	地埋灯 17	6°	70W	HIT 70W	220V	10	3000	IP67	电子式镇流器	+扁光玻璃
13	◉21	地埋灯 21	30°	35W	HIT 35W	220V	1	4200	IP67	电子式镇流器	超浅预埋件、蜂窝遮光格栅
14	◉	草坪灯		26W	TC—D 26W	220V	3	2700	IP55	电子式镇流器	防破坏透光组件
15		壁灯 2	6°	3W	LED 1*700mA	12V	6	3000	IP65	内置恒流驱动电源	+遮光罩
16		中式挂灯	--	13W	TC—D 13W	220V	1	2700	IP44		吊链长度 1.4 米
17		线条灯 2	120°	9W	LED 144*20mA	24V	12 米	3000	IP65	外置恒流驱动电源	定制不锈钢遮光片

第二节 | 苏州拙政·别墅园林照明设计

一、项目概况

拙政园作为中国私家园林的代表，于1997年被列入《世界遗产名录》。历史上的拙政园占地面积约200亩，现仅存78亩。苏州拙政别墅就在拙政园原址之上，辟其旧址，再建新园，与现存的拙政园仅一墙之隔。拙政别墅占地34908.8平方米，规划总建筑面积41665.23平方米，规划为28席纯独栋中式园林别墅。（图8-18）

作为高端别墅项目，也作为中国典型园林景观延续的项目，本案希望通过高品质的夜晚光环境的营造，呈现给日后入住的各位园主一所真正的身心家园，无论白日还是夜晚。

光和空气一样，是人类生存不可或缺的物质，但却是最容易被人所忽略的物质，经过悉心设计的拙政·别墅的夜景，身在其中的人们依然可以忽略“光”的存在，但是却无法忽视眼前的美景，而这美景皆因精心选用的“光”而被在夜晚重新发现，从而无法不体会到内心的愉悦与舒适放松的休憩氛围。希望夜晚的拙政·别墅可以呈现出与白日完全不同的另一种难以言表的美妙。

二、设计构思与分析

1、设计定位

就城市规划层面而言，拙政别墅处于古城历史文化保护区之中，应成为众多园林中的一员，应以与之和谐的姿态完全融入，同时展现自身的独特之处。灯光表现应呈现雅、素、精的风格。紧邻拙政园，同时又是宅园，其灯光照度、亮度等级应低于拙政园。（图8-19）

（限于篇幅，下面照明分析与设计仅以主入口与樱园为例。）

图8-18 项目位置图

图 8-19 中心夜景效果

2、设计构思分析

（1）主入口、樱园与全园的关系

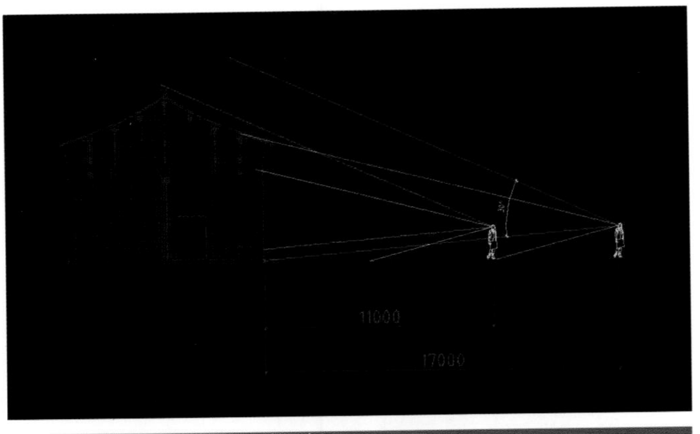

图 8-20 主入口剖立面视线分析

主入口作为全园的起始，应起到“表明身份，初显格调，引人遐想”的作用。基于这种“起始”关系，同时基于含蓄、高贵、优雅、宁静、隐约间觉得气魄非凡的整体项目定位要求，决定了主入口的灯光表现方式——点题之上的“抑”。樱园处于园区“玄关”位置，因此作为全园的前奏，应起到定下全园基调，“引人入胜”（“胜”即核心景区）的作用，同时，可以作为独立的审美空间，兼具通过功能。

（2）主入口观察视角、视域分析

通过对主入口、樱园的观察视角、视域的分析，认为在百家巷、樱园内，以亚洲人的平均身高为例，在最佳视域范围内无法较为清楚的观察大门屋面，因此进一步印证了主入口应以“抑”的照明手法来表现，即不需饱满式灯光表现主入口。详见图 8-20。

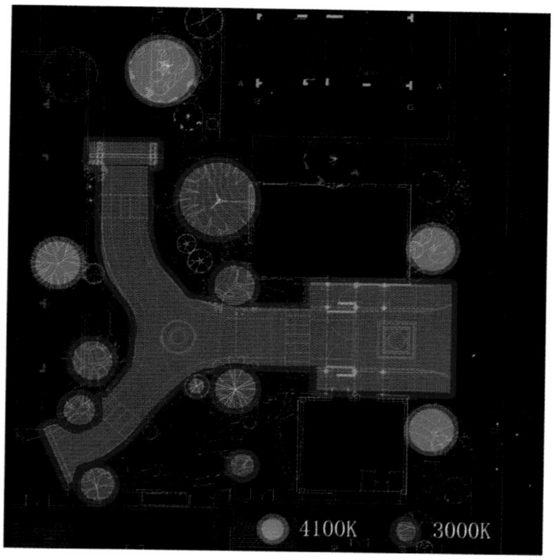

图 8-21 秋冬色温设定图

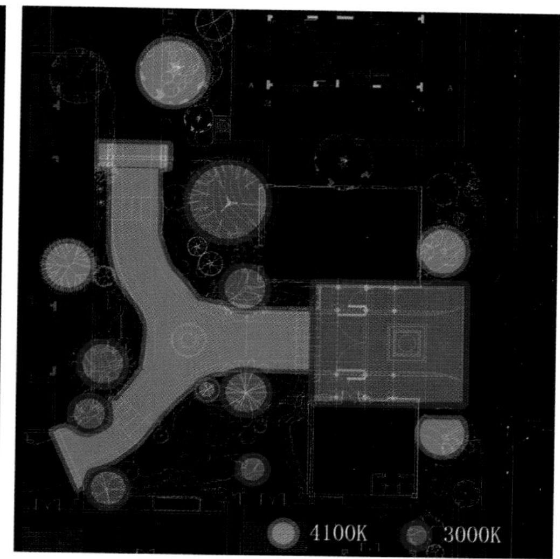

图 8-22 春夏色温设定

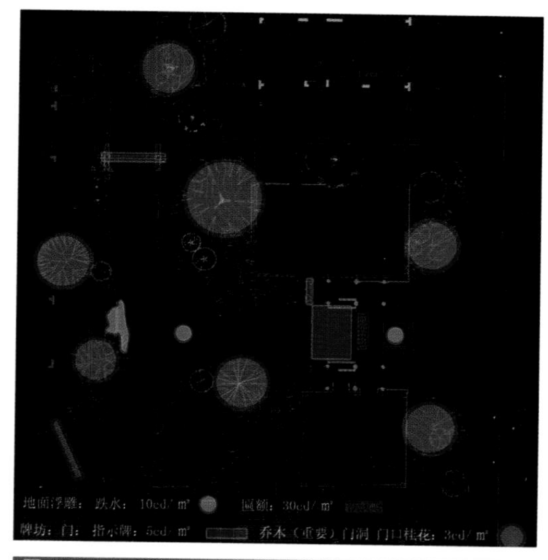

图 8-23

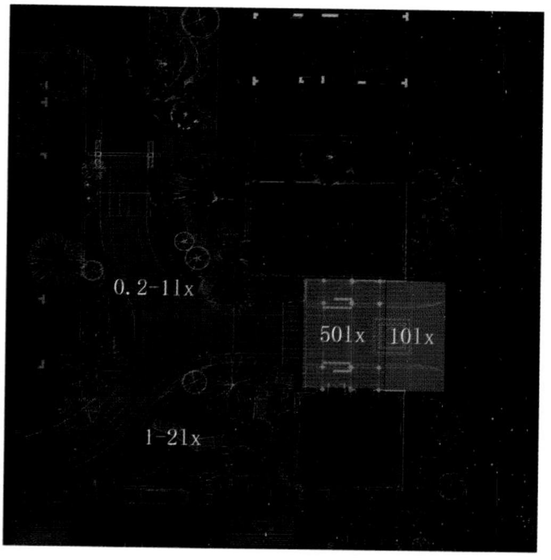

图 8-24

三、主要设计内容

1、主入口与樱园光色设定

通过运用调节色温的技术手段，对白光进行控制春夏的功能性照明将以 4100K 中心白光为主，秋冬的功能照明则以 3000K 暖白色为主，从而实现以更加细腻的光满足人微妙的心理需求。详见（图 8-21、图 8-22）。

2、主入口与樱园亮度设定

在整个主入口与樱园的范围内，第一视觉焦点应为入口处的牌匾，其次为地面浮雕、紫藤与水景，因此将牌匾的平均亮度设定在 30cd/m² 左右，地面浮雕、紫藤与水景设定在 10cd/m² 左右，其余像牌坊、指示牌的亮度则设定在 5cd/m² 左右，而重要乔木、月洞门等设定在 3cd/m² 左右。详见（图 8-23）。

3、主入口与樱园照度设定

利用光的导向暗示作用，将主入口的地面水平平均照度设定在 50 lx 左右，使得业主能够清晰辨认家门的位置，垂直照度设定在 10 lx 左右，主入口外的区域地面水平平均照度则设定在 10 lx 左右，以确保安保人员能够在第一时间辨认出进出人员主要面部特征与表情；为追求院内柔和、静谧的光环境，内部园路地面水平平均照度则设定在 0.2-1 lx 左右，个别路线设定在 1-2 lx 左右，且不要求均匀度。详见（图 8-24）。

4、主入口与樱园显色性设定

采用 RA80 以上的高显色性光源，从而尽可能还原载体自身材质应有的色调与质感。

5、眩光控制

由于是宅园，灯光尺度基本均为近人尺度，因此需要在最大程度上满足夜间照明的视觉舒适度，严格控制主要行进路线、休憩空间的眩光、溢散光，同时应避免对环境与天空造成过多的光污染。所选用的灯具，均要求有截光保护角设计，或者柔光玻璃、遮光罩、遮光格栅之类的防眩光措施。

6、主入口与樱园布灯设计

（1）光分布示意图（图 8-25）

（2）平面布灯图（图 8-26）

（3）樱园夜景效果图（图 8-27）

（4）主入口大门照明设计

详见（图 8-28、图 8-29）。

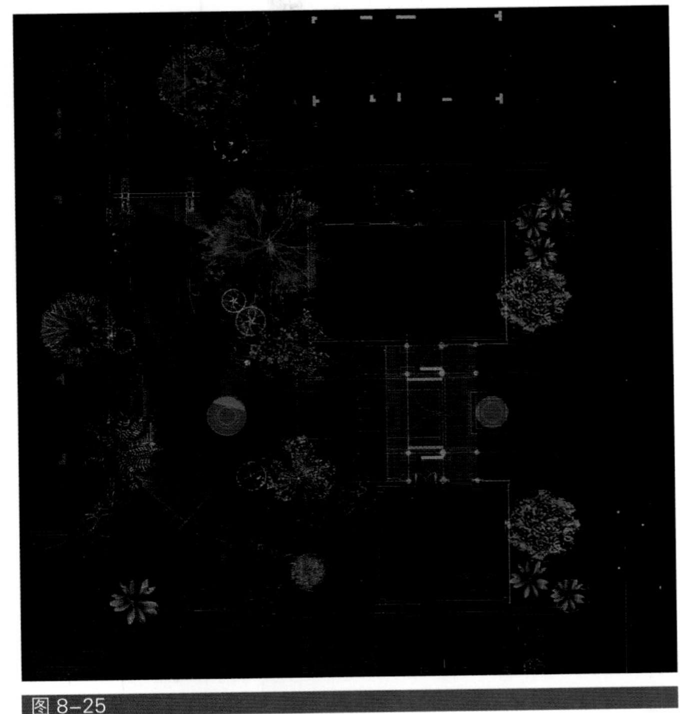

图 8-25

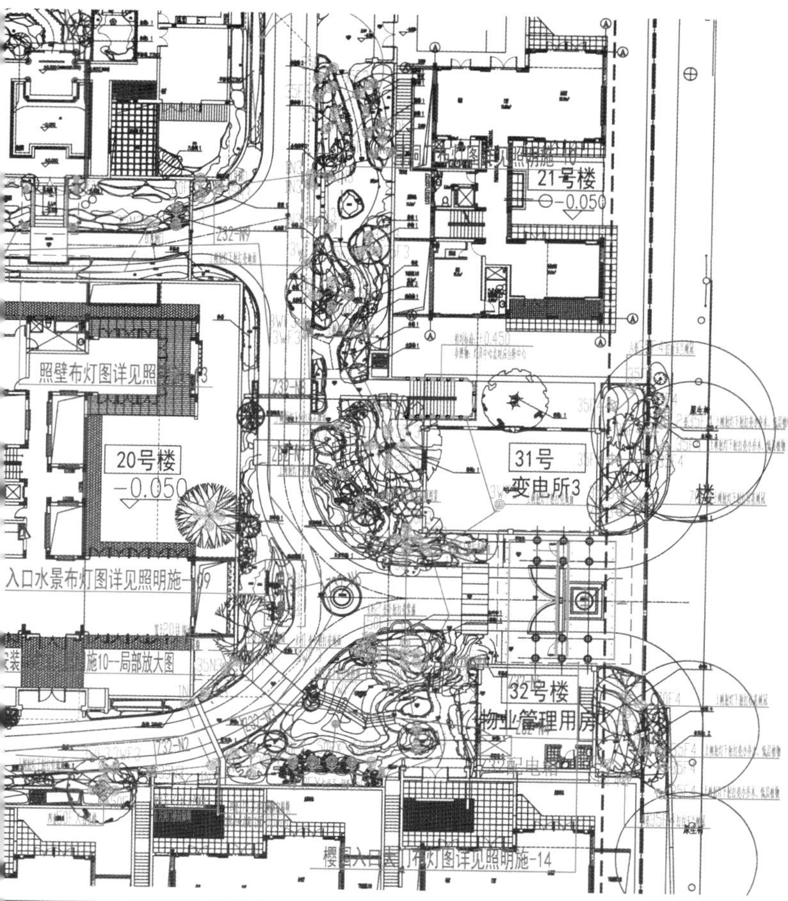

图 8-26 主入口与樱园布灯图

图 8-29 大门光分布剖面

图 8-27 樱园夜景效果图

图 8-28 主入口夜景效果

7、灯具选型表

主要灯具选型详见表 8-2。

表 8-2 主要灯具选型一览表

灯具图例对照表										
序号	图例	名称	功率	光源	光束角	色温	输出电压 驱动电流	数量	参考型号	品牌
1	20N3	金卤灯20N3	20W	CMH-T 20W	6°	3000K	220V	1	FGD-041.005 定制遮光罩 灯具外表黑色	
2	35M4	金卤灯35M4	35W	CMH-T 35W	16°	4200K	220V	5	FGD-041.002 定制遮光罩 灯具外表黑色	
3	35F4	金卤灯35F4	35W	CMH-T 35W	30°	4200K	220V	21	FGD-041.003 定制遮光罩 灯具外表黑色	
4	70F4	金卤灯70F4	70W	CMH-T 70W	30°	4200K	220V	2	FGD-040.007 定制遮光罩 灯具外表黑色	
5	70F3	金卤灯70F3	70W	CMH-T 70W	30°	3000K	220V	8	FGD-040.007 定制遮光罩 灯具外表黑色	
6	1N3	射灯1N3	1W	LED 1*1W	15°	3000K	350mA	10	F1011A 定制遮光罩 灯具外表黑色	
7	1F3	射灯1F3	1W	LED 1*1W	40°	3000K	350mA	1	F1011A 定制遮光罩 灯具外表黑色	
8	1WF3	射灯1WF3	1W	LED 1*1W	60°	3000K	350mA	20	F1011A 定制遮光罩 灯具外表黑色	
9	3F3	射灯3F3	3W	LED 3*1W	40°	3000K	350mA	9	F1013A (+A1001-D85H55) 灯具外表黑色	
10	3WF3	射灯3WF3	3W	LED 3*1W	60°	3000K	350mA	54	F1013A (+A1001-D85H55) 灯具外表黑色	
11	20M3	射灯20M3	20W	MR16 20W 24°	24°	3000K	12V	3	待定 定制遮光罩 灯具外表黑色	
12	35M3	射灯35M3	35W	MR16 35W 24°	24°	3000K	12V	4	待定 定制遮光罩 灯具外表黑色	
13	20F3	射灯20F3	20W	MR16 20W 38°	38°	3000K	12V	16	待定 定制遮光罩 灯具外表黑色	
14	35F3	射灯35F3	35W	MR16 35W 38°	38°	3000K	12V	32	待定 定制遮光罩 灯具外表黑色	
15	50F3	射灯50F3	50W	MR16 50W 38°	38°	3000K	12V	63	待定 定制遮光罩 灯具外表黑色	
16	35N3	射灯35N3	35W	MR16 35W 10°	10°	3000K	12V	2	待定 定制遮光罩 灯具外表黑色	
17	50FX	射灯50FX	50W	MR16 50W 38°	38°	3000K	12V	41	待定（+滤色片） 定制遮光罩 灯具外表黑色	
18	100FX	射灯100FX	100W	QR111 100W 24°	24°	3000K	12V	6	待定（+滤色片） 定制遮光罩 灯具外表黑色	

重要说明：1、请注意灯具外表颜色，详见word格式的灯具规格详表。
2、所有落地安装的投射灯需要根据灌木高度定制可调节升降杆。 3、所有投射灯要求出厂时预留线长2米。

第九章　室内光环境（照明）设计案例

第一节 | 北京十里堡新城市广场

一、项目概况

十里堡新城市广场紧邻北京四环主路，地处朝青商圈核心位置，为CBD热点辐射地区项目。整体商业区域规划约76000平方米，以“华堂商场”为主力店，集购物、餐饮、娱乐休闲等多种业态于一体，其中包含写字楼及住宅等形式。（图9-1）

购物中心主要客户为周边近年新兴中高档住宅居民以及附近工作于CBD地区的白领服务，照明设计与建筑设计或是室内装饰设计的处理风格一致，更多地从女性客户的感受及视觉出发，体现柔美及细腻的设计语言。

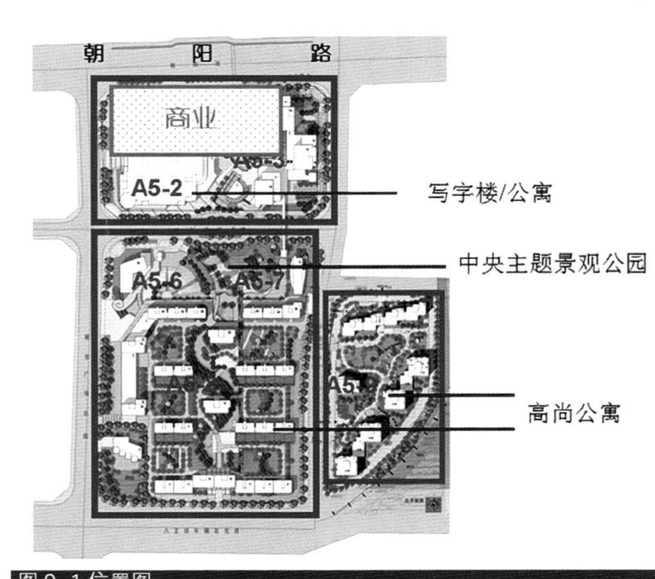

图9-1 位置图

二、设计构思与分析

1、设计定位

作为“融汇时尚、美食、娱乐、精致服务于一身的主题购物中心”，照明设计应体现引入国内外知名服装服饰及餐饮品牌对光环境高品质要求，以中庭、环廊及面对主入口的观光垂直梯成为整个室内照明设计的重点，满足客户购物时的多元需求，创造舒适、优质、时尚、富有层次的室内商业购物空间。（图9-2）

图 9-2 富有层次的商业空间照明图

①基础照明：自然光与人工光平衡；店铺照明与公共照明的平衡；

②情景照明：营造富有女性柔美的室内购物环境的光环境；

③装饰照明：含蓄而灵动的表达装饰构造美感。

此外，由于购物中心最大的主力店华堂商场（Ito-Yokado）为源自日本的百货公司品牌，照明设计各方面的设计要求更多考虑日本商业空间对光环境的要求与标准。由于日本照明标准该项目室内基础照明维持在 800 lx 左右，远高于我国现行国家照明设计标准（GB50034-2004）要求，见表 9-1，我国对于商业空间高档营业厅提出工作面 500 lx 要求，对于商业走廊、门厅均未有标准。如参照国标 5.4 公用场所要求，高档空间地面要求 200 lx，这显然对于本案的购物中心公共走廊的照明是不合适的。

因此基础照明的照度设定上形成了很大的争议。最后平衡自然采光及店铺内灯光现有照度条件，最终公共走廊基础照明照度定义在 500 lx 范围。

表 9-1 我国建筑照明设计标准（GB50034-2004）确定的建筑照明设计标准值

5.2.3 商业建筑				
房间或场所	参考平面及其高度	照度标准值 (Lx)	UGR	Ra
一般商店营业厅	0.75m 水平面	300	22	80
高档商店营业厅	0.75m 水平面	500	22	80
一般超市营业厅	0.75m 餐桌面	300	22	80
高档超市营业厅	0.75m 水平面	500	22	80
收款台	台面	500	-	80

5.4 公用场所					
房间或场所		参考平面及其高度	照度标准值 (Lx)	UGR	Ra
门厅	普通	地面	100	-	60
	高档	地面	200	-	80
走廊、流动区域	普通	地面	50	-	60
	高档	地面	100	-	80
楼梯、平台	普通	地面	30	-	60
	高档	地面	75	-	80
自动扶梯		地面	150	-	60

2、照明设计主题分析

从设计元素考量，整个空间以花朵为主要设计元素，不论从柔和的外墙曲面，到内部弧形绽放的楼层结构，或是顶部花瓣造型的构筑物，以及由地面沿着墙壁生长出来直至天花的花朵，都在无时无刻的强调女性特有的柔美。与之相呼应的，灯光也同样或者明显，或者含蓄地凸出了这个主题。（图 9-3）

购物中心商铺环绕中庭空间，5 层层高的中庭空间显得有些狭长，两侧裙楼距离较为接近，弱化空间压迫感是室内设计师在设计中最为关注的。浅色楼板以线性灯槽照亮，在此基础上，南侧的玻璃墙面保留了较暗的背景，而以一株盛开的植物成为整个空间中最为引人注目的元素。在均匀及明亮的环境下，花束成为这个中庭空间的背景，行走其间，景在眼前，人在景中，一个普通的天井由此成为令人赏心悦目的舞台。（图 9-4）

在设计中，变色的花束表面有多种材质，从不透明金色的镜面烤漆玻璃到不同透光率的磨砂玻璃，在背后的 LED 灯光变幻下产生细腻丰富的场景；灯光按照设

图 9-3 商场照明设计主题

图 9-4 赏心悦目的中庭照明

计师选定的色谱，草绿色从根部开始生长，逐渐蔓延到整个花束，随后颜色由绿至蓝，再从冷色向暖色流动，直至绚丽的彩色成为中庭的华丽背景。

顶部的天窗在日间用于引入自然光，为了避免过强的直射，以花瓣造型的半透明构件遮挡。在夜间，放置于花瓣背后的灯具静静点亮，与舞台化的彩色植物不同，冷白色的灯光为花瓣带来冷静清澈的感觉，为流动、绽放的花提供了一个稳定的边界。

三、主要设计内容

五层天花部分采取高显色性及高效率荧光灯灯具（2*32W）成组的布置于走廊居中的位置，临近自然采光的位置保留了单只灯具。整个建筑综合天花均以灯具布局为第一原则，其余烟感、喷淋及喇叭等设备按模数穿插在同样弧度及线性的排列中，避免了由于各工种设计规范要求各异，天花布局设备杂乱的现象（图 9-5、图 9-6）。完成后的效果详见（图 9-7）。

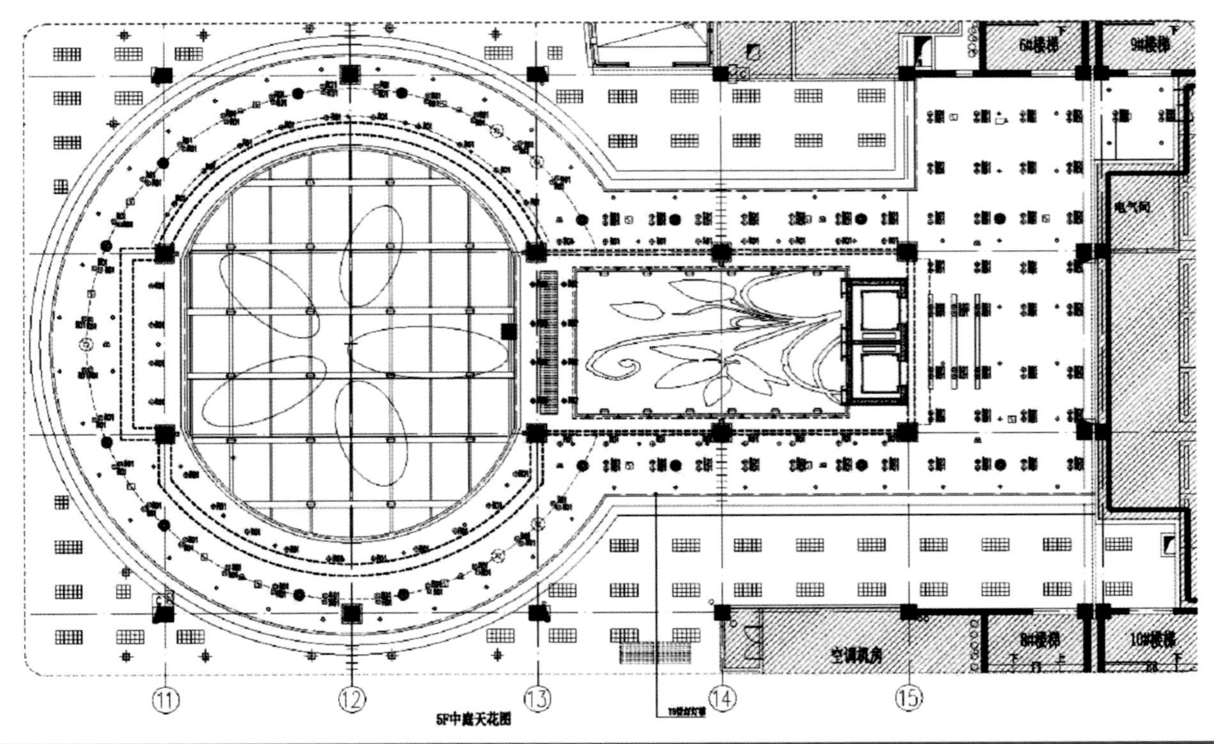

图 9-5 5F 天花布灯图

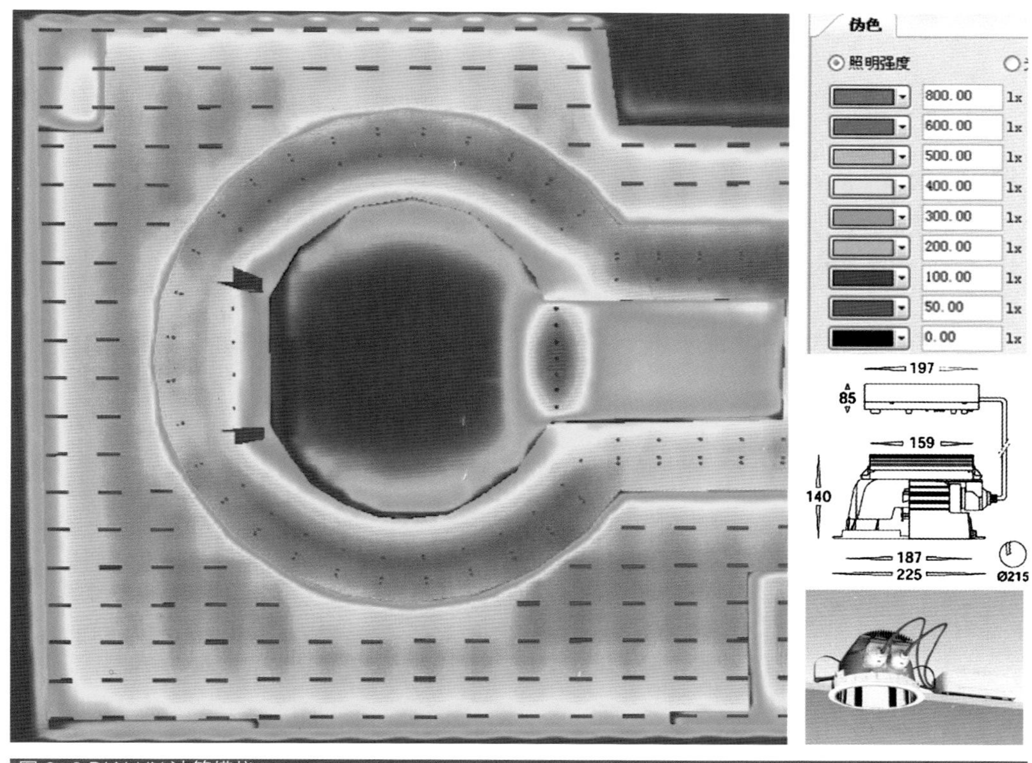

图 9-6 DIALUX 计算模拟

图 9-7 现场效果

顶部与观光垂直梯的灯具则采用了LED RGB大功率像素灯，经过多次测试各种透光材料与LED的组合效果，根据混光的均匀度及投资的经济性，最终确定了灯具安装在离透光材料30cm的背板处，灯具之间间隔20cm为最佳安装间距。（图9-8）

现场效果详见（图 9-9、图 9-10、图 9-11）。

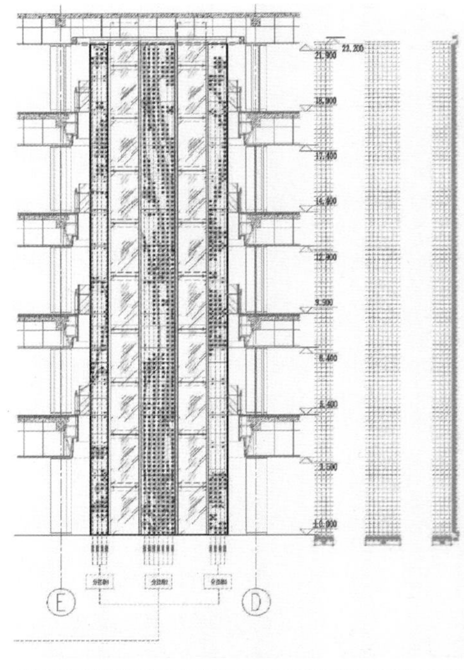

图 9-8 垂直观光梯布灯图

图 9-9 中庭 LED 变色效果

图 9-10 中庭 LED 变色效果

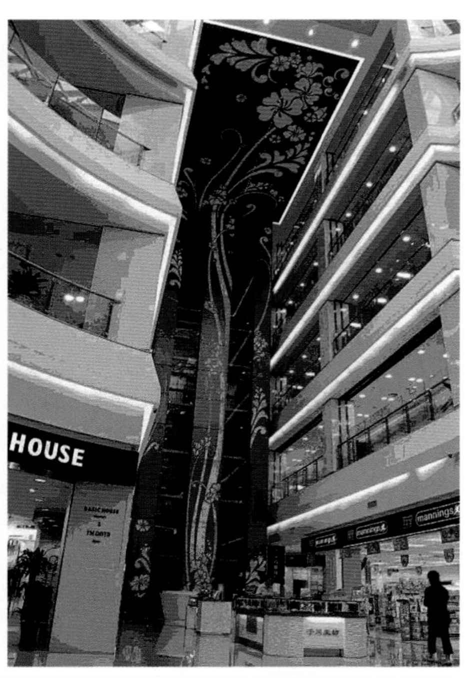

图 9-11 中庭 LED 变色效果

第二节 | 上海外滩 3 号 New Height 新视角餐厅

一、项目概况

外滩是中国繁荣发展的写照，也是上海地区辉煌历史的再现。外滩地区的综合改造建设随着上海的发展在不断地进行着，而无论怎么改变，外滩的“万国建筑群”一直保持着它的风格。新古典主义建筑外滩三号始建于 1916 年，楼高七层，面积达 1.2 万平方米。这里经营着四家独特的餐厅，新视角餐厅酒廊就是其中的一家，位于建筑的顶层，面向露台的墙面则全部使用玻璃构造，180°的视角可以让顾客饱览上海外滩美轮美奂的美景，提供一个缤纷优雅的餐饮场所。客人可在这里一边享受下午茶的悠闲一边工作，亦可以与三五好友小聚用餐，更可在晚间于露台尽享佳肴，开怀畅饮，聆听酒廊现场 DJ 的动感音乐。（图 9-12）

二、设计构思与分析

1、设计定位

外滩三号是其中一栋充满特色的凝聚艺术、文化、美食、时尚和音乐的建筑，经营着若干家独特的餐厅，其中的顶层新视角餐厅在经过重新的设计和装修后开业。这里不仅有美食，还有外滩及陆家嘴的美景，以及精心设计的室内氛围与舒适的照明环境。

餐厅的室内设计风格简洁时尚，照明设计秉承其室内设计风格，不仅满足其功能性需求，更是营造舒适优雅的用餐气氛，同时恰到好处的装饰性灯具与室内设计

图 9-12 餐厅环境

图 9-13 餐厅照明氛围

相融合，增加了室内空间的赏味性。（图 9-13）

2、设计原则

设计的原则是最大限度地利用自然光，结合简单实用的人工光，局部点染一些装饰化的灯光，用最少的灯光创造出优雅而有品质的空间氛围。（图 9-14）

图 9-14 自然光与照明相结合

简单的灯光并不意味着更加容易，需要对室内设计的理解更加清楚，根据功能环境的分区及流线设计，设置不同功率、角度的照明器。

3、设计难点

（1）如何避免眩光是照明设计师需要注意的一个难点问题

一个优雅的空间不能因为眩光而影响心情，在客人的视野中应当是被光线照亮的家具或是富有格调的室内空间，而不是满目的天花板上眩目的亮点，所以暗光反射器成为选择照明器必需的标准之一。（图 9-15、图 9-16）

空间内使用的嵌入式筒灯都使用了暗光反射器，光源深藏，这样客人在空间中欣赏到的只是被光所呈现的家具。此外要求施工单位按照天花板的颜色，对照明器表面的安装环颜色进行重新着色，降低了照明器对于空间设计的影响。（图 9-17）

（2）自然光与照明系统的巧妙整合

通过巧妙地利用自然光、光源的合理选择以及照明控制系统的运用，新视角餐厅

图 9-16 少眩光的照明

图 9-15 避免眩光的照明设计

酒廊达到了很好的节能效果。

整个空间室内设计中北餐厅和东餐厅使用了大量的落地玻璃，设计师单独设置了该餐厅沿玻璃的回路，这样在日间可以最大程度利用日光的照射。

图 9-17 灯具安装

三、主要设计内容

1、照明光源的选择

根据餐厅不同区域功能选择不同形态的灯具体现了餐厅的文化和时尚，璀璨晶莹的各式酒类由此更具吸引力。即使是洗手间，一簇小灯泡把这个私密空间烘托的别有情调。（图 9-18、图 9-19）

同样的照明器根据不同区域设置功率选择不一的卤素光源。卤素光源的使用寿命是传统白炽灯的 4 倍。在吧台处摒弃传统荧光灯灯槽，使用了低耗能、长寿命的 3000K LED 线性灯具，作为装饰性照明的光源。合理地选择光源（功率）将很好地控制项目的整体耗电量。（图 9-20）

2、照明控制系统的使用

使用控制系统，根据时段和功能需求分为 8 个场景模式，每个场景中根据一天中自然光的强弱与人工光紧密的结合，做到资源的有效利用。高效照明控制系统可以显著提高餐厅运营效率，降低能耗，延长光源寿命。（图 9-21、图 9-22）

图 9-18 特色灯具

图 9-19 温馨的灯具

图 9-20 转角灯具

实施后的效果详见（图 9-23、图 9-24、图 9-25、图 9-26、图 9-27）。

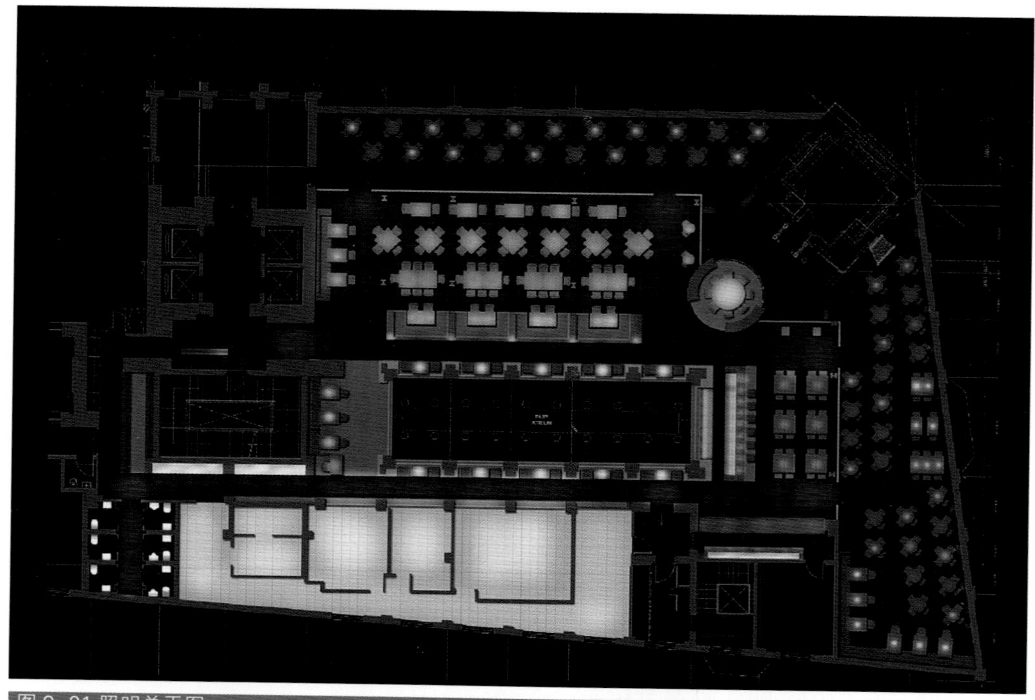

图 9-21 照明总平图

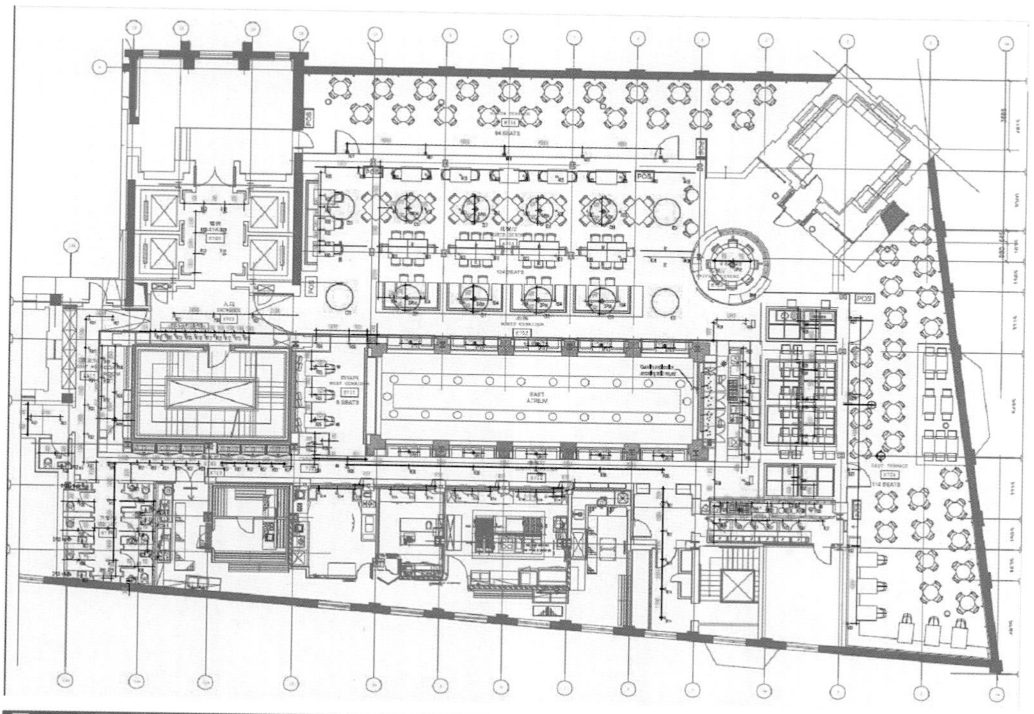

图 9-22 平面布灯图

图 9-23 场景效果

图 9-24 场景效果

图 9-25 场景效果

图 9-26 场景效果

图 9-27 场景效果

第三节 无锡君来世尊酒店

一、项目概况

无锡君来世尊酒店是WORLDHOTELS亚洲首家品牌酒店，坐落于无锡新的城市中心——太湖新城。酒店俯瞰尚贤河湿地美景，毗邻崭新的太湖国际博览中心，距离新市民中心、金融中心仅一步之遥，地处太湖新城创意前沿、科教高地、生态绿肺所环绕的核心位置。

酒店滨水而建，在燥热的盛夏，水边凉风习习，湖边垂柳依依，是难得的消暑胜地。酒店整体设计简约时尚，色调赏心悦目，客人悠然其中，回归自我。（图9-28）

二、设计构思与分析

WORLDHOTELS以“专为非凡人士打造的独特酒店”为口号，酒店的建筑设计风格简洁，令人印象十分深刻。专业的照明设计则一方面满足了功能性和艺术性的需求，另外一方面将灯具数量和能耗降至最低。（图9-29、图9-30）

图9-28 酒店建筑夜景

酒店的3－5层为客房层，1－2层为具有不同功能的公共空间。在客房

图9-29 酒店照明风格

图9-30 酒店照明风格

层的走廊中，基于节能因素选择了LED灯具提供功能性照明，而在1、2层公共空间中，考虑到照明效果、能耗和初始投资的平衡，最终选择了卤素光源的灯具为主，LED灯具为辅，通过控制系统来实现不同场景的设置与节能需求。

三、主要设计内容

1、总平面布局（图9-31）

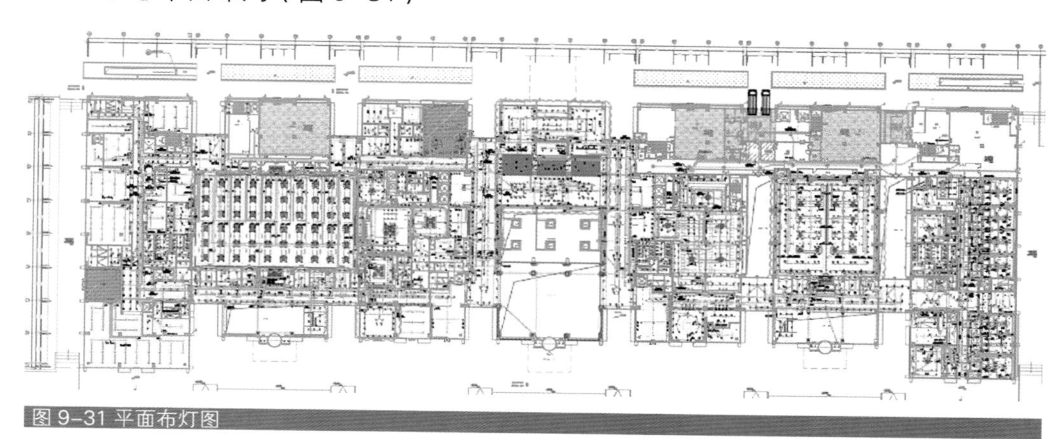

图9-31 平面布灯图

2、各功能空间光环境设计

（1）大堂

在大堂中，浅色的环境、简洁的布局使得大堂区域开阔而大气，三组造型独特的主吊灯和暖色的灯带则柔化了空间，烘托了温暖的气氛，同时也在环境中提供了柔和的亮点，使得这一高天花、大尺度的空间显得亲切友好。（图9-32、图9-33、图9-34）

图9-32 大堂照明效果图

图 9-33 大堂 Dialux 渲染图

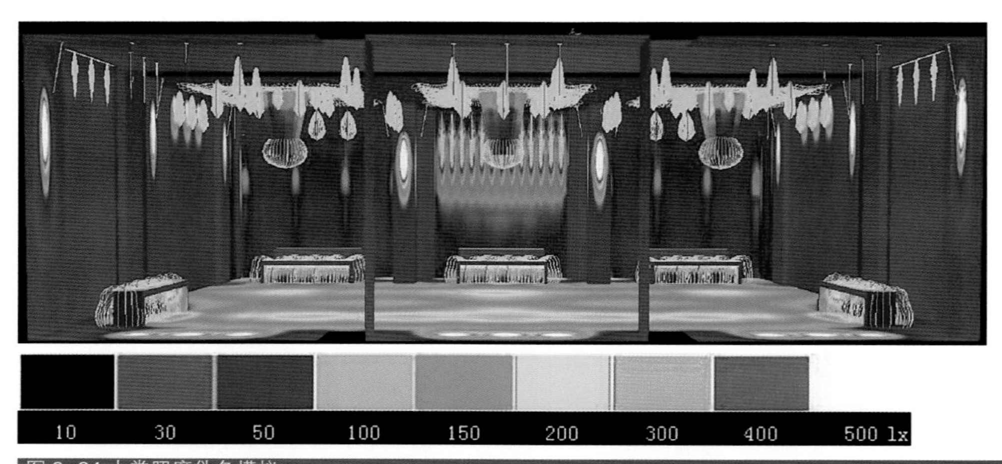

图 9-34 大堂照度伪色模拟

（2）宴会厅

在宴会厅中，暖色的环境映衬的吊灯显得分外华丽，而隐藏在藻井内部的下照灯则提供了实际的功能性照明。为了适应宴会厅的不同功能需求和多变的布局，有部分灯具可以通过遥控调节角度，为宴会厅带来丰富的弹性。（图 9-35、图 9-36、

图 9-35 宴会厅照明效果图

图 9-36 宴会厅 Dialux 渲染图

图 9-37 宴会厅照度伪色模拟

图 9-37）

（3）通行空间

层高较低的通行空间采用了浅色和深色交错的石材墙面和地面，富有艺术气息的吊灯为它平添了一份灵动。在发光的顶部灯槽提供照明，而交错发光面形成的简洁构图，更加强调了空间的穿插与交汇。与宽阔的等候空间中多用华丽风格的灯具不同，小型空间的照明风格，介于工艺和装饰艺术之间，使得这些小空间优雅而丰富。（图 9-38）

使用控制系统，根据时段和功能需求在不同区域实现不同的场景模式和不同的控制方式。高效照明控制系统可以显著提高酒店运营效率，降低能耗，延长光源寿命。

（4）客房

客房的照明理念旨在提供舒适、优雅、高档、人性化的照明环境。依据酒店标准及人性化的设计以满足各种需求。在客人有不同的使用需要时，整个空间的感觉和氛围会随着人们的行为而变化，所有需求均可通过人们简单的开关操作或控制系统来实现。

欢迎模式：通过基础照明及重点照明的组合来为初次入住的客人营造舒适的宾至如归之感。此欢迎模式下，所有灯具都将被点亮，引导人们能迅速适应新环境。（图 9-39）

工作模式：只有书桌区域灯具被点亮，如台灯，天花筒灯等，营造舒适明亮的工作学习环境。（图 9-40）

休闲模式：用灯光来营造休闲氛围。

保留休闲沙发区域的照明及茶几上的重点照明，提供给休憩的人们放松的环境。同时隐藏灯带作间接照明，丰富整个环境的层次。（图 9-41）

电视模式：只保留卧室中电视背景墙部分灯光，及床头灯具如装饰壁灯等，以吸引注意力到电视区域。（图 9-42）

图 9-38 通行空间效果图

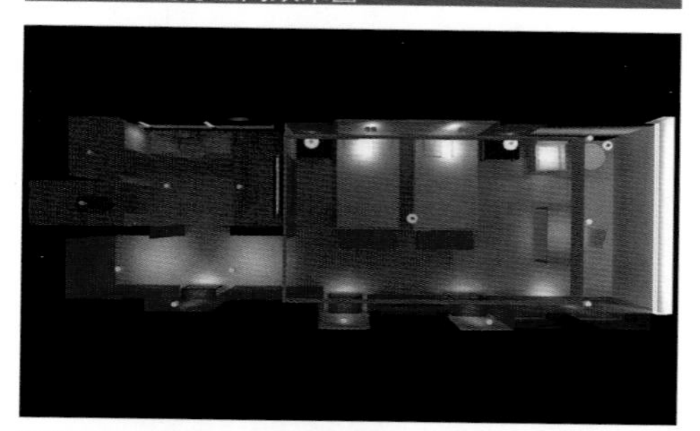
图 9-39 欢迎模式照明

图 9-40 工作模式照明

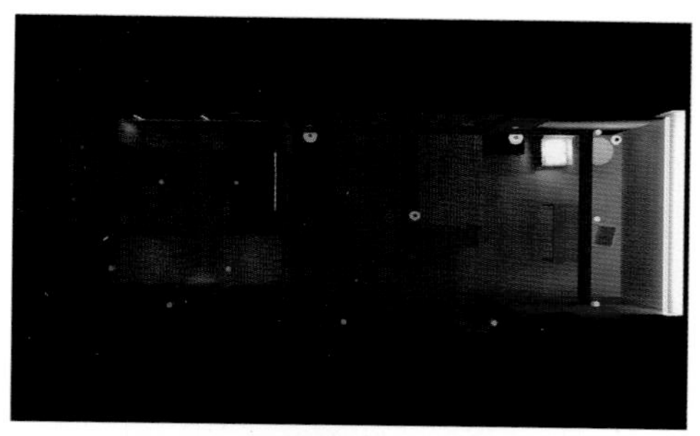
图 9-41 休闲模式照明

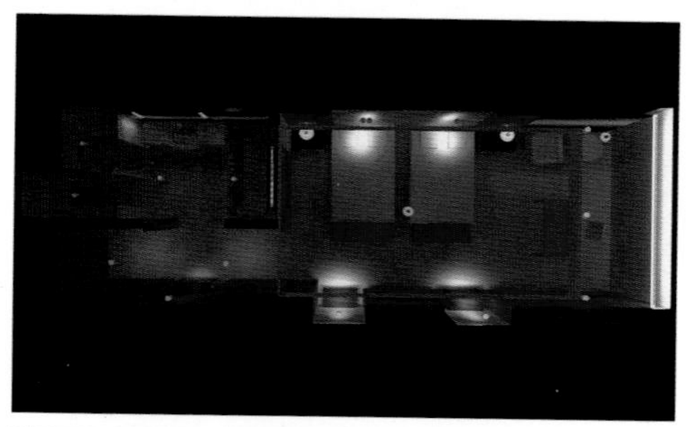
图 9-42 电视模式照明

参考文献:

1、郝洛西著，城市照明设计，辽宁科学科技出版社，2005 年

2、张昕、徐华、詹庆旋编著，景观照明工程，中国建筑工业出版社，2005 年

3、王晓燕编著，城市夜景观规划与设计，东南大学出版社，2000 年

4、王朝鹰主编，21 世纪超级灯光设计，上海人民美术出版社，2006 年

5、(法)路易斯•克莱尔著，王江萍译，建筑与城市的照明环境，中国电力出版社，2009 年

6、(日)中岛龙兴、近田玲子、面出薰著，马俊译，照明设计入门，中国建筑工业出版社，2005 年

7、(日)日本建筑学会编，刘南山 李铁楠译，光和色的环境设计，机械工业出版社，2006 年

8、周太明 周详 蔡伟新编著，光源原理与设计(第二版)，复旦大学出版社，2006 年

9、MINK AVE 城市灯光环境规划研究所，21 世纪城市灯光环境规划设计，中国建筑工业出版社，2001 年

10、徐思淑、周文华，城市设计导论，中国建筑工业出版社，1991 年

正文图片来源:

1、图 1–4、图 1–9、图 1–14、图 1–9、图 1–14、图 3–27、图 3–30、图 3–31、图 3–32、图 3–34、图 4–13、图 4–14、图 4–16、图 4–19、图 4–20、图 4–21、图 4–22、图 4–23、图 4–24、图 4–25、图 4–35、图 8–1、图 8–8、图 8–9、图 8–11、图 8–12、图 8–13、图 8–14、图 8–15、图 8–16、图 8–17、图 8–18、图 8–19、图 8–20、图 8–21、图 8–22、图 8–23、图 8–24、图 8–25、图 8–26、图 8–27、图 8–28、图 8–29 以上图纸均由杭州筑光照明设计有限公司刘馨阳女士提供；

2、图 1–10、图 1–11、图 1–13、图 1–19、图 4–1、图 4–8、图 4–12、图 5–1、图 5–3、图 5–8、图 5–11、图 5–13、图 5–14、图 5–16、图 9–1、图 9–2、图 9–3、图 9–4、图 9–5、图 9–6、图 9–7、图 9–8、图 9–9、图 9–10、图 9–11、图 9–12、图 9–13、图 9–14、图 9–15、图 9–16、图 9–17、图 9–18、图 9–19、图 9–20、图 9–21、图 9–22、图 9–23、图 9–24、图 9–25、图 9–26、图 9–27、图 9–28、图 9–29、图 9–30、图 9–31、图 9–32、图 9–33、图 9–34、图 9–35、图 9–36、图 9–37、图 9–38、图 9–39、图 9–40、图 9–41、图 9–42，以上图纸均由黎欧思照明(上海)有限公司(LEOX design)提供；

3、图 1–16、图 3–7、图 7–1、图 7–2、图 7–3、图 7–4、图 7–5、图 7–6、图 7–7、图 7–8、图 7–9 以上图纸由杭州市城市管理委员会韩明清博士提供；

4、图 1–22、图 3–6、图 3–21、图 4–2、图 4–5、图 4–10、图 4–11、图 7–10、图 7–11、图 7–12、图 7–13、图 7–14、图 7–15、图 7–16、图 7–17、图 7–18、图 7–19、图 7–20、图 7–21、图 7–22、图 7–23、图 7–24、图 7–25、图 7–26、图 7–27、图 7–28、图 7–29 由北京万德门特城市照明设计有限公司苏昊先生提供；

5、图 1–17、图 1–20、图 1–21、图 3–1、图 3–3、图 3–23、图 4–18、图 8–6 由著名摄影师周利先生提供；

6、图 3–13、图 3–14、图 4–15、图 4–26、图 4–27、图 4–29 参见同济大学郝洛西教授所著《城市照明设计》中插图改绘而成；图 8–2、图 8–3、图 8–4、图 8–5、图 8–7、图 8–10 参见《杭州市西湖风景名胜区环湖景区照明规划与设计》

7、图 2-3、图 2-5 参见清华大学张昕编著的《景观照明工程》

8、图 2-1、图 2-11、图 2-8、图 5-4 参见复旦大学周太明教授讲义

9、图 2-4、图 3-12 参见《光和色的环境设计》

10、图 5-23 源自文 -Alison+Joachim Ritter，摄影 _Toshio Kaneko，建筑、艺术和光影的完美融合，《照明设计》NO.49，2012.02.01

11、图 1-15、图 2-2、图 2-6、图 2-10、图 3-2、图 3-11、图 3-13、图 3-14、图 3-26、图 4-17、图 5-4 由浙江大学城市学院城市与景观规划设计研究中心程总鹏编绘

12、网络下载图片

图 1-6 源自 http://www.365wall.com

图 1-18 源自 http://bbs.startos.com/read.php?tid=1339255

图 3-38 源自 http://blog.voc.com.cn/blog.php?do=showone&type=blog&itemid=26832

图 4-28 源自 http://www.zlighting.net/search_case/case/200811/3344.html

图 4-36 源自 http://www.lightingchina.com

图 4-37 源自 http://u.tumanduo.com

图 5-12 源自 http://icon.trends.com.cn

图 5-17 源自 http://1bbs.cool-de.com

图 5-24 源自 http://case.zlighting.net

13、其余图片为本书作者于教学过程中自摄或收集整理的图片，因时间关系尚未与部分作者联系。